A METAMORFOSE *das* PLANTAS

O livro é a porta que se abre para a realização do homem.

Jair Lot Vieira

JOHANN WOLFGANG VON GOETHE

A METAMORFOSE *das* PLANTAS

e outros textos

Tradução, apresentação e notas
FÁBIO MASCARENHAS NOLASCO
Bacharel, Mestre e Doutor
em Filosofia pela Unicamp
Professor do Departamento
de Filosofia da UnB.

Título original: *Versuch, die Metamorphose der Pflanzen zu erklären*. Publicado originalmente em Gotha (Alemanha) em 1790. Tradução feita com base no original *Goethes Werke, XIII, Naturwissenschaftliche Schriften I,* Textkritisch durchgesehen und kommentiert von D. Kuhn und R. Wankmüller, publicado pela Verlag C. H. Beck em Munique (em 1981).

Grafia conforme o novo Acordo Ortográfico da Língua Portuguesa.

1ª edição, 2ª reimpressão 2024.

Editores: Jair Lot Vieira e Maíra Lot Vieira Micales
Coordenação editorial: Fernanda Godoy Tarcinalli
Tradução, apresentação e notas: Fábio Mascarenhas Nolasco
Produção editorial: Carla Bitelli
Edição de texto: Marta Almeida de Sá
Preparação: Thiago de Christo
Revisão: Vânia Valente
Editoração eletrônica: Estúdio Design do Livro
Capa: Marcela Badolatto
Crédito das imagens: pínus (capa): P. J. Redouté Bessin/Wikimedia Commons; flor amarela com raiz branca (capa): Pierre-Joseph Redouté/The David Draper Dayton Fund; flor amarela (orelha): Pierre-Joseph Redouté/The Minnich Collection The Ethel Morrison Van Derlip Fund; demais imagens: Pierre-Joseph Redouté/rawpixel.com/Wikimedia Commons

Dados Internacionais de Catalogação na Publicação (CIP)
(Câmara Brasileira do Livro, SP, Brasil)

Goethe, Johann Wolfgang von, 1749-1832.

A metamorfose das plantas / Johann Wolfgang von Goethe ; tradução, apresentação e notas de Fábio Mascarenhas Nolasco. – São Paulo: Edipro, 2019.

Título original: Versuch, die Metamorphose der Pflanzen zu erklären.

ISBN 978-85-521-0071-3 (impresso)
ISBN 978-85-521-0072-0 (e-pub)

1. Fisiologia vegetal 2. Plantas – Anatomia I. Nolasco, Fábio Mascarenhas. II. Título.

19-24022 CDD-581

Índice para catálogo sistemático:
1. Fisiologia das plantas : Botânica : 581

Maria Paula C. Riyuzo – Bibliotecária – CRB-8/7639

São Paulo: (11) 3107-7050 • Bauru: (14) 3234-4121
www.edipro.com.br • edipro@edipro.com.br
@editoraedipro @editoraedipro

Sumário

Apresentação

Contextualizar minimamente a *Tentativa de explicar a metamorfose das plantas*, esse pequeno experimento botânico que Goethe publicou em 1790, impõe de partida uma tríplice tarefa: abordar (I) o seu momento de surgimento no curso da atividade literária e científica de seu autor, (II) o processo de revolução científica, estética e política por que passavam as principais metrópoles europeias na segunda metade do século XVIII, e (III) a maneira como o modelo goetheano serviu de orientação fundamental para diversos e significativos tipos de reformas estéticas, científicas e filosóficas que se destacaram sumamente no espaço intelectual alemão desde o início do século XIX até a cesura de 1848. No que segue, tentaremos estabelecer de maneira sucinta e apenas indicativa alguns marcos incontornáveis dessa tarefa.

Os sofrimentos do jovem Werther, o célebre romance epistolar publicado em 1774, marca a "hora da estrela" para o jovem Goethe, então com 25 anos. É comum relacionar tal romance ao movimento Tempestade e Ímpeto e caracterizar essa corrente literária simplesmente como uma espécie de romantismo alemão *avant la lettre* ou até "pré-romantismo", o que se dá, no mais das vezes, particularmente quando se circunscreve a análise apenas aos romances que a exemplificam. Deixa-se de lado com muita facilidade, por exemplo, o texto com que, em 1770, a Academia de Ciências da Prússia condecorou aquele que se faria o esteio principal da agitação literária em questão, o ex-aluno predileto de Immanuel Kant em seus primeiros anos de docência, Johann Gottfried von Herder, então laureado pelo seu monumental *Tratado sobre a origem da linguagem*. É marcante e incisiva a presença desse texto nas discussões filosóficas, antropológicas e filológicas da época, e, por isso, não é sem razão que, bem mais tarde, teóricos do porte de Franz Boas, Jakob von Uexküll, Martin Heidegger e Ernst Cassirer lhe tenham dedicado a mais alta, e também a mais crítica, atenção.[1] Em poucas palavras, o tratado visou

simplesmente a estabelecer como tese fundamental, simultaneamente contra Jean-Jacques Rousseau, os materialistas franceses, os teólogos e antropólogos alemães, que a língua não deveria ser pesquisada como um produto ideal, divino, tampouco como um produto ocasional, meramente empírico, demasiado humano; mas, distanciando-se de ambos os extremos, Herder estatui: "o ser humano é um produto da língua". De uma tese tão marcante infere-se que haveriam de ser as línguas os elementos fundamentais de diferenciação antropológica entre os humanos, e não as raças, tal como à época defendia a antropologia fisiológica do célebre Johann Friedrich Blumenbach, e com ele a de Kant. Observa-se, assim, como em 1770 Herder assentava as bases para a dissolução dessa antropologia ancorada na análise das raças e sua transformação numa antropologia cultural – ou etnologia, como mais tarde Franz Boas a batizaria – calcada na análise das línguas, dos ritos e suas estruturas simbólicas. Que isso não tenha ocorrido de imediato, todavia, decorre do fato de que as contribuições herderianas, precisamente devido a seu caráter contestador, foram dali em diante tachadas de simplesmente infantis, meramente especulativas, e, mais tarde, postas em equivalência com o ideário romântico, esfumando-se o sentido originário, profundamente político, da tempestade e do ímpeto em questão.

Igualmente muito pouco se menciona o texto *Uma outra filosofia da história para a formação da humanidade*, de 1774, obra responsável pela fundação de toda uma filosofia da história, contra, principalmente, a de Voltaire e a de Hume, e com base nos princípios antropológicos, biológicos, filológicos estabelecidos no tratado anterior. Seu objetivo era combater a visão iluminista de que o progresso intelectual europeu significava o coroamento da espécie humana, defendendo, em contrapartida, que se tratava também de sua mais profunda decadência. Surge nesse contexto a metodologia da empatia (*Einfühlung*), mediante a qual o historiador se propõe a reconstituir de dentro a totalidade humana manifestada em cada uma das épocas e cada um dos povos abordados. Destaca-se nisso uma reavaliação crítica da grandeza histórica e humana das trevas da Idade Média, pintadas com cores ainda mais vivas que as do Iluminismo cinzento do século XVIII, especialmente em virtude do fato de que o processo de recristalização do direito romano, do surgimento dos estados nacionais e da modernidade teria significado,

especialmente aos camponeses, a consumação de sua total desapropriação e exclusão jurídica.[2]

Mas o périplo herderiano se consumaria apenas na década seguinte com a publicação, de 1784 a 1791, dos quatro volumes das suas *Ideias para a filosofia da história da humanidade*. Desde o princípio uma guerra aberta contra a *Crítica da razão pura* de Kant, que veio à luz em 1781, Herder estabelece no primeiro volume dessa obra uma teoria geral da evolução das espécies naturais desde a formação do sistema solar e dos cristais minerais até as espécies dos mamíferos, que de tão abrangente e espantosa horrorizou de tal maneira o velho mestre Kant, que de Königsberg partiram duas resenhas, a bem dizer, furiosas, seguindo imediatamente à publicação dos dois primeiros volumes do texto herderiano, e uma série de panfletos-resposta – *Ideia para uma filosofia universal em perspectiva cosmopolita*, *O que é esclarecimento?*, *O que significa orientar-se no pensamento?*, *Determinação do conceito de uma raça humana* –, cujo objetivo era claramente reformular as defesas da cidadela iluminista contra as invasões bárbaras dos *especuladores*, Mendelssohn e Herder, que ousavam ocupar com quimeras e exageros o uso público da razão.

Esse cenário de disputa filosófica, cujas raízes se encontram nos debates travados entre Kant e Mendelssohn já na década de 1760,[3] permite-nos observar como a tentativa kantiana de prover ao horizonte intelectual alemão uma versão importada, e sem dúvida melhorada, do iluminismo inglês e francês foi, e isso desde o princípio, dura e rigorosamente criticada pelo partido dos *especuladores*, os propugnadores das *belas ciências*. Se se toma notícia das primeiras formas de atuação de tal "partido", notadamente as revistas editadas por Moses Mendelssohn e Christoph Friedrich Nicolai: a *Biblioteca das belas ciências e artes liberais* (1757-1765) e as *Cartas referentes à mais nova literatura* (1759-1765), ou a notável obra de Gotthold Ephraim Lessing sobre as fábulas gregas e francesas (1759), ou a obra máxima mendelssohniana, o *Fédon* (1768), logo se reconhecerá que o tal partido dos beletristas críticos buscava resistir à fria doutrina iluminista do progresso europeu-ocidental, cujo "papa" era Newton e cujo "tirano" era Frederico II da Prússia, mediante a reconsideração do espírito e da ciência da Renascença, dos moralistas franceses, de Espinosa, mediante a refundação do estudo da literatura e das línguas clássicas.

Visava-se, assim, à formação de uma sensibilidade estética, científica e politicamente apurada e profunda – a qual, não por acaso, seria um século depois indiretamente homenageada por Friedrich Nietzsche em sua *Gaia ciência* (1882). Um último aspecto de que vale a pena não se esquecer: a atuação literária de Mendelssohn tinha como pano de fundo notório a luta pelos direitos civis dos judeus, dos camponeses e demais grupos sociais mantidos à periferia da lei.

De modo a engrossar e radicalizar esse caldo, e depois de uma longa jornada por Londres, Paris e Itália, Herder mergulha nas propostas evolutivas que pairavam sobre os estudos de história natural de Buffon e Diderot, a fim de, como mencionamos acima, erradicar da antropologia do seu tempo o conceito da raça. É nesse contexto de agitação literária inflamado pelo radicalismo herderiano que se inscrevem, portanto, as primeiras pesquisas científicas de Goethe. O detalhamento biográfico, o leitor e a leitora encontrarão abaixo, especialmente no texto *O autor compartilha a história dos seus estudos botânicos*. Refiro aqui apenas o essencial. Depois de ter sido encarregado pelo duque de Weimar a supervisionar a reativação de uma antiga mina, Goethe se coloca a obrigação de estudar profissionalmente e com afinco as últimas discussões sobre história natural, alargando seu horizonte de estudos também à anatomia comparada e à botânica. Em seguida, aproximando-se do trabalho de vários pesquisadores importantes da Universidade de Jena, que se encontrava sob a jurisdição institucional da corte de Weimar, Goethe colabora ativamente nos bastidores das Ideias de Herder. No dia 27 de outubro de 1784, relata entusiasmado ao amigo:

> Encontrei – nem ouro nem prata, mas aquilo que me traz uma alegria inefável – o osso intermaxilar nos humanos! Eu comparava com Loder crânios humanos e de outros animais, encontrei uma pista e, veja, lá está. Apenas te peço, não espalhe a notícia, pois a coisa tem de ser tratada em segredo. Isso deverá te alegrar imensamente, pois é como a pedra fundamental para o ser humano, não falta, mas existe! E como! Pensei comigo, também em conexão com o teu todo, o quão maravilhoso isso será. (*apud Werke* XIII, p. 594)

O entusiasmo se deve ao fato de que os mais célebres anatomistas do tempo se baseavam na ausência de um osso intermaxilar no crânio

humano para afirmar uma diferença radical entre os humanos e os demais mamíferos, especialmente os primatas, e assim reiterarem a verdade do relato bíblico sobre a criação das diferentes espécies naturais. Essa diferença originária, no entanto, em face da metodologia morfológica elaborada enquanto ideia por Herder e testada empiricamente pelo círculo de professores jenenses com o qual Goethe colaborava, caía subitamente por terra. As analogias anatômicas que Buffon indicava, de repente, podiam ser comprovadas empiricamente. Se a análise dos anatomistas se contentava em numerar e nomear as partes do corpo tal como se apresentavam, Goethe se colocava a tarefa de narrar a história de como uma dessas partes se fez ausente, isto é, como o tal osso intermaxilar, nos humanos, se embutia à medida do desenvolvimento embrionário num osso adjacente, deixando leve pista apenas ao olhar direcionado à pesquisa do processo de sua mutação e do seu desaparecimento. Goethe, então, compõe um texto em latim, com ilustrações comprobatórias encomendadas a um artista renomado, e envia uma das mais disjuntivas descobertas científicas daquele século ao mais célebre anatomista europeu da época, Petrus Camper, que soberbamente ignorou o conteúdo do tratado apenas porque havia sido elaborado por um beletrista amador.

Eis o début goetheano no campo das ciências e a primeira sinalização de rigorosa pesquisa científica em curso por todo o campo da história natural, que se estenderia por mais de meio século. Essencial para o surpreendente desdobramento dessa pesquisa foi certamente sua viagem à Itália (setembro 1786 – abril 1788), ocasião que Goethe utilizara para ampliar drasticamente seus conhecimentos não apenas estéticos e arqueológicos, mas particularmente os geológicos, mediante a descrição e análise do relevo e das formações rochosas de todo o percurso da viagem, dos Alpes até a Sicília – incluindo as várias visitas aos montes Vesúvio e Etna em plena atividade!; e também os conhecimentos botânicos, mediante o estudo intenso das formações vegetais tão pujantes e diversificadas no clima ameno da região. De Palermo, no dia 17 de abril de 1787, Goethe relata a Herder:

> As diversas plantas que antes eu estava acostumado a ver apenas em vasos, sim, na maior parte do ano apenas detrás dos vidros das estufas, aqui estão alegres e frescas sob o céu aberto, e, na medida em que cumprem

completamente sua destinação, se manifestam de maneira mais precisa. Em face de tantas figuras diversamente novas e renovadas, relembrei-me das minhas velhas preocupações, se não seria possível encontrar entre essa riqueza a planta-originária (*Urpflanze*). Ela tem de existir! Pois de onde poderia conhecer que essa ou aquela figura seria uma planta, senão do fato de que elas todas teriam sido formadas a partir de *um* modelo?" (Goethe, *Italienische Reise*, p. 486)

E logo em seguida, de Nápoles, em 17 de maio, já estava concluído o teorema:

> Ocorreu-me o seguinte: que naquele órgão da planta que costumamos chamar de folha estaria escondido o verdadeiro Proteu,[4] que poderia se esconder e se manifestar em todas as figurações. Sucessiva ou regressivamente a planta é sempre apenas folha, tão inseparavelmente unificada ao broto vindouro que não se pode pensar um sem o outro. Captar um tal conceito, verificá-lo, encontrá-lo na natureza é uma tarefa que nos dispõe num estado docemente penoso. (*Ibidem*, p. 488)

Aí se encontra a pedra fundamental do texto que ora se tem em mãos, a *A metamorfose das plantas*. Se a pesquisa analítica do célebre Carl von Linné se contentava em numerar e nomear as partes da planta tal como se apresentam diversamente, e, no máximo, em explicar o curso do crescimento e transformação vegetal por uma espécie de teoria da antecipação (*prolepsis*), segundo a qual as partes da figura vegetal total (a árvore madura) haveriam de estar prefiguradas, antecipadas, nas partes básicas da planta em crescimento, Goethe, ao contrário, buscou reconstruir e narrar o processo mesmo com que uma forma fundamental, a folha, se metamorfoseia pela alternância entre extensão e contração, gerando sequencialmente os mais diversos órgãos vegetais. Se os livros de botânica do século XVIII tinham se transformado em sumas terminológicas de leitura insossa, em longas enumerações de todas as partes perceptíveis, acompanhadas da quase infinita série de seus mais variados adjetivos, no esforço incansável de se estabelecer finalmente uma terminologia científica rigorosa e universal, Goethe, ao contrário, oferecia à botânica o seu sucinto dicionário vivo, a sua definição genética, o seu

processo morfológico fundamental de nó em nó, de figura em figura, de termo em termo, permitindo-se um conhecimento do curso mesmo de transformação das figuras visíveis sem a utilização de pressuposições ou antecipações injustificáveis na empiria.

Esses dois achados rigorosamente científicos, a história da ausência do osso intermaxilar nos humanos e a história da metamorfose da forma foliar fundamental nos vegetais – que o próprio Goethe explica não terem surgido "mediante uma dádiva extraordinária do espírito, tampouco por uma inspiração momentânea, muito menos de maneira imediata e de uma só vez", senão que por verdadeiro e ininterrupto trabalho científico – sinalizam um confronto radical com os principais mestres da anatomia comparada e da botânica da época, bem como dão testemunho dos primeiros momentos de um processo de profunda renovação das ciências da vida, que marcaria de forma definitiva o desenvolvimento científico do século XIX. Apesar de que, a princípio, tais contribuições goetheanas foram pouco notadas, delas e com elas desenvolveu-se um movimento científico inicialmente demasiado filosófico, a *Naturphilosophie* alemã,[5] mas em seguida robusto e rigoroso, que, por caminhos diversos, nas décadas de 1820 e 1830 com Augustin Pyrame de Candolle e Étienne Geoffroy Saint-Hilaire romperiam a hegemonia da abordagem analítica característica do século anterior. Nas palavras deste último, a *Metamorfose das plantas* de Goethe continha um único problema: ter surgido 40 anos antes da hora. E não é por outro motivo que Charles Darwin, nas primeiras páginas da obra que enfim instituiu de vez a reforma longamente preparada, a *Origem das espécies*, de 1859, teve de prestar homenagem, mesmo que apenas remotamente justa, ao pioneirismo do célebre poeta alemão. Todavia, quando, enfim, com Darwin o modelo evolutivo se alçou à hegemonia das discussões científicas do tempo, aquele propósito inicial que guiava a tempestade e o ímpeto de Herder – propor a metamorfose das formas no intuito de deslegitimar o racismo arraigado na antropologia fisiológica da época – já havia deixado de ser preponderante. Quando o eminente biólogo Ernst Haeckel, por exemplo, dissemina (e reforma) o darwinismo entre os seus compatriotas, buscando relembrar-lhes de que tal modelo de pensamento não era, de modo algum, reles novidade importada do estrangeiro, mas produto de longa conquista da qual participara também

o esforço alemão, a teoria da evolução se metamorfoseia em justificação pseudocientífica do velho racismo, servindo de base para os panfletos nazistas que em pouco tempo surgiriam.

Mas, de volta a Goethe e sua produção científica, é preciso notar, ainda, que ela não se esgotara no campo da história natural. Quase mais conhecido que suas descobertas botânicas e anatômicas é, pois, o resultado das pesquisas às quais Goethe se dedicou ao longo das duas décadas seguintes à publicação da *Metamorfose*: a *Doutrina das cores*, publicada em 1810. Nessa obra, tratava-se de repetir contra Newton, e desta vez não mais em magro opúsculo, senão que em três longos e detalhados volumes, o que antes havia sido empreendido contra Camper e Lineu, a saber: a pesquisa de um fenômeno originário (*Urphänomen*), um experimento fundamental do qual seria possível derivar o processo morfológico das cores que Newton, no entanto, se dispusera a analisar quantitativamente segundo a angulação da refração material, a bem dizer, atômica, dos raios de luz branca. Com base na postulação de uma luz branca primordial, soma de todas as outras cores, o cientista inglês decompunha dessa totalidade (abstrata) as demais particularidades (reais), repetindo-se, notadamente, a metodologia de interferir na observação empírica com pressuposições, antecipações e hipóteses oriundas do contexto bíblico ou da pretensão de totalidade associada ao tratamento matemático.

Mas não é nosso objetivo presente detalhar a maneira como de fato a *Doutrina das cores* está em conexão metodológica fundamental com os esforços morfológicos anteriores, tampouco como ela não mais que consuma – a meu ver precisamente contra o que Kant havia estabelecido em sua *Crítica da razão pura* – uma *doutrina da* experiência concreta, capaz de expor em um nível mais fundamental o que se encontrava aplicado na *Metamorfose das plantas* e nos demais experimentos. O opúsculo *O experimento como mediador entre objeto e sujeito*, que a leitora e o leitor encontram ao final deste volume, servirá muito bem para indicar um caminho em tais searas.[6] Aqui basta apenas indicar a amplitude, a pertinência e o sentido fundamental do meio século de atuação científica[7] de Goethe. Em 1831, na edição bilíngue alemão-francesa de sua obra de 1790, portanto a poucos anos da morte, quando seu mérito de pesquisador era enfim reconhecido e suas apostas juvenis confirmadas numa ampla mudança de paradigma científico, Goethe declara:

> Desde mais de meio século eu sou conhecido, na pátria e também no exterior, como poeta, e em geral permitem-me que eu valha como um tal; que eu tenha, todavia, *com ainda maior atenção* me dedicado diligentemente à natureza em seus fenômenos universais, físicos e orgânicos, que eu tenha perseguido silenciosamente, de maneira contínua e passional, observações seriamente arranjadas, isso não é tão universalmente conhecido e muito menos foi considerado com atenção. (grifo nosso)

Sem dúvida, todo esse rico conteúdo, acumulado em verdadeira pesquisa científica, não pode ser um elemento a se menosprezar quando o assunto é a presença duradoura de sua obra literária e poética no imaginário europeu. E, de fato, apesar de que até hoje se recebe com surpresa a notícia de que Goethe foi um cientista, essa informação não passou despercebida a muitos intelectuais de renome, seus contemporâneos ou distantes sucessores. A presença do Goethe cientista na formação intelectual e na obra madura de Friedrich Wilhelm Joseph von Schelling, Georg Wilhelm Friedrich Hegel, Arthur Schopenhauer, Karl Marx, Friedrich Nietzsche, Edmund Husserl, Sigmund Freud, Georg Simmel, Walter Benjamin, Ernst Cassirer e Claude Lévi-Strauss não é, pois, motivo apenas marginal. No entanto, dado o longo preconceito e o veto que pairaram sobre esse modelo alternativo de prática científica, aí incluso o preconceito e o esquecimento acerca das contribuições de Mendelssohn e Herder, que, como vimos, esclarecem as origens da radicalidade científica que ali se projetava, ainda é muito raro encontrar entre os que se debruçam sobre as obras dos filósofos acima referidos quem saiba se orientar com desenvoltura no rol de questões que elencamos aqui.

Desse estado de coisas decorre, acreditamos, a urgência não apenas de traduções dos seus escritos científicos, mas de pesquisas e informações indicativas dos nexos e contextos em que se inscreveram ao longo da filosofia e das ciências humanas contemporâneas. Nesta edição, buscamos levar a sério essa tarefa mediante a elaboração de várias *notas explicativas* que relatam questões tanto do ofício do tradutor quanto do pesquisador de filosofia alemã, e em que se encontrará exposto um pouco mais detalhadamente o que esta apresentação apenas indica.

Antes de encerrá-la, todavia, cabe ainda um pequeno relato acerca do que a leitora e o leitor encontrarão a seguir. Além dos 123 parágrafos

do ensaio sobre a *Metamorfose das plantas*, traduzimos os textos *Desculpa-se o empreendimento, Introduz-se o propósito, Prefacia-se o conteúdo*, que Goethe elaborara posteriormente, a servir de introdução genérica ao conteúdo do citado opúsculo; assim como o texto *O Autor compartilha a história dos seus estudos botânicos*, elaborado em sua forma final poucos anos após sua morte, no qual o autor apresenta uma retrospectiva interessante e abrangente de todo o seu percurso científico. Por último, o texto *O experimento como mediador entre objeto e sujeito*, cuja escrita data de pouco tempo depois do ensaio sobre as plantas, servirá como indicação dessa doutrina geral do experimento científico goetheana, a que aludimos acima.

No que concerne à *Metamorfose* propriamente dita, esse texto tem, já desde 1993, tradução em português, realizada, e com maestria, pela professora Maria Filomena Molder, da Universidade de Lisboa, como parte complementar de sua magnífica tese de doutoramento *O pensamento morfológico de Goethe* (1995) – que recomendamos vivamente, posto se tratar de um marco fundamental dos estudos goetheanos em português. Dado, portanto, que já dispúnhamos de uma tradução de referência, pudemos concentrar os esforços na pesquisa detalhada dos termos botânicos empregados, buscando suas fontes latinas (em Lineu e Gärtner), a maneira como à época outros botânicos alemães os traduziam (principalmente Carl Ludwig Willdenow) e particularmente a maneira com que lidava com tais termos a escola botânica portuguesa, na figura de Félix de Avelar Brotero, que, em 1788, publicara, em Paris, em dois volumes, seu magistral *Compêndio de botânica ou noções elementares desta ciência segundo os melhores escritos modernos, expostas na língua portuguesa*. Mediante esse esforço, pudemos apresentar alternativas terminológicas interessantes, cuja função é situar com talvez maior precisão a terminologia goetheana diante dos seus contemporâneos, o que muitas vezes entrará em conflito com os termos tais como utilizados hoje.

Por último, mas não menos importante, gostaria de agradecer a Gabriel Valladão Silva, a quem devo a oportunidade de ter realizado a tradução que ora apresento e pela parceria e trabalho em conjunto que nos levou a mergulhar profundamente em Goethe, Herder e Mendelssohn; às editoras Maíra Lot e Marta Almeida pela paciência diante da dificuldade da empreitada; aos professores Marcos Müller,

Jeanne-Marie Gagnebin, Oswaldo Giacóia e Enéias Forlin pelo constante apoio e orientação; aos amigos André Garcia, Bruno Machado, Igor Brasil, Isadora Petry, Pedro Franceschini, Priscila Kiselar, Maria Fernanda Novo, João Rampim, Clérouac, Diego Lanciote e os demais colegas do grupo de leitura da Unicamp pelo constante apoio e a Laura Luedy por caminhar comigo a trilha longa.

A primeira versão desta tradução foi realizada em fins de 2015. Em maio do ano seguinte, Guilherme Ivo e eu começamos a revisá-la, mas essa tarefa foi interrompida pela greve estudantil daquele ano. Adiei tanto a retomada da revisão que um trágico acidente automobilístico acabou por subtrair-me a chance de contar com os conselhos daquele que em pouco tempo, certamente, teria se destacado como um exímio tradutor e instigante filósofo no cenário nacional. Se Guilherme ainda vivesse, esta tradução teria alcançado uma forma imensamente mais adequada à sua matéria. Dedico à memória do amigo que se foi o que me foi possível realizar aqui sem a sua ajuda.

Por último, agradeço à Fapesp por ter aceitado o projeto de pós-doutorado em cujo quadro teórico se inserem os resultados de pesquisas aqui apresentados.

Fábio Mascarenhas Nolasco

Bacharel, Mestre e Doutor em Filosofia pelo IFCH/Unicamp,
com apoio institucional da FAPESP, e estágio de pesquisas
(CAPESP/DAAD) na TU-Berlim, Alemanha.
Professor de Filosofia na UnB.

Sobre morfologia

"Veja, ele passa diante de mim
antes que eu o perceba
e se transforma
antes que eu o note."
Livro de Jó, 9:11[8]

Desculpa-se o empreendimento[9]

Quando o ser humano, convocado à observação vivaz, começa a travar uma luta com a natureza, sente em primeiro lugar um impulso gigantesco de subjugar a si os objetos. Mas não demora muito tempo até que esses o constranjam com tamanha violência a ponto de ele bem sentir quantas razões há de ter, tanto para lhes reconhecer o poder quanto para honrar-lhes a atuação. Tão logo se tenha persuadido dessa recíproca influência, apercebe-se de um duplo infinito: a multiplicidade do ser e do devir e das relações que se entrecruzam de maneira vivente *nos objetos*; a possibilidade de uma formação infinita *em si próprio*, na medida em que torne tanto a sua receptividade sensível quanto o seu juízo destinados a formas sempre novas do registro e da ação recíproca. Tais estados providenciam um prazer elevado e decidiriam acerca da felicidade da vida se não houvesse interiores e exteriores impedimentos ao curso em direção à perfeição. Assoma a virada dos anos; satisfaz-se cada um em sua medida com o que adquiriu, e disso se apraz tanto mais quietamente quanto mais rara for, de fora, a participação correta, pura, revigorante.

Quão poucos são os que se sentem animados por aquilo que, de fato, aparece apenas ao espírito! Os sentidos, o sentimento, a índole exercem sobre nós poder muito maior – e com justiça: pois somos designados à vida e não à observação.

Infelizmente, também da parte daqueles que se doam ao conhecer e ao saber, raramente se encontra uma participação desejável. Em certa medida, o que provém de uma ideia e a ela reconduz onera aquele que compreende, registra particularmente, observa detalhadamente, analisa. Ele se sente apropriadamente em casa em seu labirinto, sem que se preocupe com um fio que o perpassaria mais rapidamente. Um metal que não está cunhado, que não pode ser contado, parece-lhe uma posse onerosa. Em sentido oposto, aquele que se encontra em ponto de vista superior

muito facilmente não atenta ao singular e dispõe rápido em conjunto, numa universalidade mortífera, o que apenas particularizado tem vida.

Encontramo-nos em meio a esse conflito já há longo tempo. Quando nele muito foi feito, muito se destruiu; e eu não cairia na tentação de oferecer em fraca canoa ao oceano das opiniões as minhas perspectivas sobre a natureza, se nos momentos recentes de perigo[10] não tivéssemos tão vivamente sentido o valor de certos papéis, nos quais fomos movidos anteriormente a imprimir uma parte da nossa existência.

Que venha à luz, pois, agora como esboço, sim, como coleção fragmentária, aquilo que em esforço juvenil eu mais sonhava como uma obra – e que possa atuar e servir como aquilo que é.

Isso é o que eu tinha a dizer a fim de recomendar à benevolência dos meus contemporâneos estes rabiscos de muitos anos, dos quais, contudo, algumas partes isoladas foram mais ou menos levadas a cabo. O muito que ainda haveria de ser dito será mais bem introduzido no progresso do empreendimento.

Jena, 1807

Introduz-se o propósito

Se atentarmos aos objetos da natureza, em especial dos viventes, a ponto de desejarmos instituir uma visada adentro do nexo de sua essência e atuação, acreditaremos poder alcançar uma determinada cognição no melhor dos casos mediante a separação das partes; pois, de fato, esse caminho é apropriado a nos conduzir muito longe. Que os amigos do saber estejam, com poucas palavras, lembrados de como a química e a anatomia contribuíram para a intelecção e supervisão da natureza.

Mas esses esforços separadores, continuados sempre adiante, trazem à tona também muita desvantagem. De fato, o vivente é decomposto em elementos, mas não se pode, a partir destes, pô-lo de novo em conjunto e dar-lhe vida. Se isso já vale no caso de muitas matérias inorgânicas, muito mais valerá no das orgânicas.

Em virtude disso, fez-se sempre notar na pesquisa científica um impulso de conhecer enquanto tais as configurações viventes, de captar em conexão as suas partes exteriormente visíveis, palpáveis, registrá-las como indicações do interior e, assim, assenhorar-se em certa medida do todo na intuição. O quão íntimo seja o nexo entre essa aspiração científica e o impulso artístico e mimético nem precisa ser desdobrado aqui em seu detalhe.

Há, portanto, no curso da arte, do saber e da ciência, vários experimentos visando à fundação e à configuração de uma doutrina que gostaríamos de chamar de morfologia. Na parte histórica será descrito sob quais variadas formas esses experimentos surgiram.

O alemão tem para o complexo da existência de uma essência efetiva a palavra figura (*Gestalt*).[11] Com essa palavra abstrai-se daquilo que é móvel e assume-se que algo conexo seja estatuído, terminado e fixado caracteristicamente.

Se considerarmos, porém, todas as figuras, em particular as orgânicas, perceberemos que nunca ocorre um algo que permaneça, que esteja quieto, terminado, mas, ao contrário, tudo se perde num movimento constante. Por isso nossa língua costuma fazer uso de maneira

suficientemente propícia da palavra formação (*Bildung*) tanto no que diz respeito ao produto quanto ao que está se tornando produto.

Se quisermos, pois, introduzir uma morfologia, não deveremos falar de figura; ao contrário, quando fazemos uso da palavra, podemos em todo caso pensar apenas na ideia, no conceito, ou num algo mantido fixo na experiência apenas por um instante.[12]

O que está formado será logo de novo transformado; se quisermos alcançar em alguma medida uma intuição viva da natureza, teremos de nos manter de fato tão móveis e formáveis quanto o exemplo com que ela se nos apresenta.

Se, no caminho da anatomia, decompomos um corpo em suas partes e depois as deixamos em sua separação, afinal nos deparamos com aqueles princípios a que se dá o nome de partes similares. Destas não se falará aqui; antes, chamamos a atenção a uma máxima superior do organismo, que expressamos da seguinte maneira.

Nenhum vivente é um singular, mas uma pluralidade. Mesmo quando se nos aparece como indivíduo, permanece, contudo, uma coleção de seres vivos independentes, os quais, segundo a ideia, segundo a circunstância, são iguais, mas no surgir podem ser iguais ou semelhantes, desiguais ou dessemelhantes. Em parte, tais seres são já originariamente conectados, em parte se encontram e reúnem-se. Eles se cindem e se buscam de novo e, assim, efetuam uma produção infinita de todas as maneiras e por vários aspectos.

Quanto mais incompleta for a criatura, mais serão essas partes iguais ou semelhantes umas às outras, e mais igualarão ao todo. Quanto mais completa se torna a criatura, mais dessemelhantes tornam-se entre si as partes. No primeiro caso, o todo é mais ou menos igual às partes, no segundo, o todo é dessemelhante em relação às partes. Quanto mais semelhantes são as partes entre si, menos estão subordinadas umas às outras. A subordinação das partes indica uma criatura mais completa.

Dado que em todas as formulações genéricas, independentemente do quão bem elaboradas sejam, haverá algo de inapreensível para aquele que não as aplica, que não é capaz de lhes supor os exemplos necessários, gostaríamos, a princípio, de dar apenas alguns exemplos, posto que todo o nosso trabalho é dedicado a desdobrar e levar a cabo essas e outras ideias e máximas.

Não há nenhuma dúvida de que uma planta e, sim, uma árvore, que nos aparecem como indivíduos, consistam, todavia, de patentes

singularidades, que são iguais e semelhantes entre si e em relação ao todo. Muitas são as plantas que são reproduzidas por mergulhia.[13] Do olho da última variedade de uma árvore frutífera germina um ramo que, por sua vez, produz inúmeros olhos iguais; e precisamente nesse caminho ocorre a reprodução por semente. Ela é o desenvolvimento de um conjunto inumerável de indivíduos iguais a partir do seio da planta-matriz.

Vê-se aqui prontamente que o segredo da reprodução por semente já está enunciado dentro daquela máxima; notando e ponderando, tão só corretamente se atestará que mesmo o grão de semente que nos parece estar disposto como unidade individual já é coleção de seres iguais e semelhantes. Apresenta-se o feijão comumente como um modelo exato da germinação. Toma-se um grão de feijão ainda antes que germine em seu estado completamente não desenvolvido e depois de sua abertura encontra-se em primeiro lugar os dois cotilédones, desafortunadamente comparados à placenta – pois são duas verdadeiras folhas, apenas túmidas e como que preenchidas de farinha, e que também se tornam verdes na luz e no ar livre. Em seguida descobre-se já a plúmula,[14] que de novo são duas folhas, já formadas e capazes de formação ulterior. Se se pondera, então, que detrás de cada pecíolo repousa um olho, não em ato, mas em potência, logo se vê na semente que nos parece simples já uma coleção de muitas singularidades, que se pode chamar, na ideia, de iguais, e de semelhantes no aparecer.

Que, pois, o que é igual segundo a ideia possa aparecer na experiência ou como igual ou como semelhante, e até mesmo como completamente desigual e dessemelhante, nisso consiste propriamente a vida móbil da natureza, essa que nos propomos a esboçar nessas nossas folhas.[15]

Para melhor ilustração, apresentamos aqui ainda uma instância retirada dos mais ínfimos animais. Há microrganismos[16] que se movimentam na umidade em figura aparentemente simples diante dos nossos olhos, mas, tão logo essa umidade seca, extinguem-se, difundindo uma variedade de grãos em que, aparentemente por conta de um curso natural, já na umidade se teriam decomposto e, assim, produzido uma descendência infinita. Mas por ora basta, posto que em toda a nossa apresentação esse ponto de vista entrará de novo em cena.

Se considerarmos as plantas e os animais em seu estado mais incompleto, será difícil diferenciá-los. Um ponto vital,[17] fixo, móvel ou quase móvel, isso é o que por pouco notam nossos sentidos. Se esses primeiros

princípios hão de conduzir adiante determinadamente segundo ambos os lados, pela luz até a planta, pela escuridão até o animal, isso cremos não poder decidir, mesmo não sendo poucas as anotações e analogias a respeito. Apenas podemos dizer, todavia, que as criaturas que continuam a surgir da afinidade quase inseparável entre plantas e animais completam-se segundo dois lados opostos, de forma que a planta alcança ao final sua glória na árvore, fixa e longeva, e o animal, no ser humano, na mais alta mobilidade e liberdade.[18]

Gemação e prolificação são, mais uma vez, duas máximas principais do organismo, que se prescrevem desde aquele princípio da coexistência de vários seres iguais e semelhantes, e que de fato os enunciam apenas de maneira duplicada. Buscaremos percorrer ambos esses caminhos por todo o reino orgânico e, assim, muita coisa há de ser posta em sequência e ordenada de uma maneira altamente intuitiva.

Quando consideramos o tipo vegetativo, apresenta-se prontamente a seu respeito um acima e um abaixo. A raiz toma a posição inferior e sua atuação visa à terra, pertence à umidade e à escuridão, posto que na direção exatamente oposta ascende o caule, o tronco, ou o que quer que designa essa parte, em direção ao céu, à luz e ao ar.

Como agora consideramos uma determinada construção admirável e aprendemos a ver mais de perto a maneira tal como se alça à luz, deparamos de novo com um princípio fundamental da organização: que nenhuma vida poderia atuar sobre uma superfície e lá mesmo externar sua força produtora; ao contrário, toda atividade vital demanda um invólucro que a proteja contra o rude elemento exterior, seja água ou ar ou luz, que conserve sua fina essência, a fim de que leve a termo o que especificamente cabe a seu interior. Esse invólucro pode então aparecer como casca, pele ou tegumento, e tudo o que entra em cena para a vida, tudo o que deve atuar de maneira vivente precisa ter invólucro. E assim, também, tudo o que está direcionado para fora pertence sempre precocemente à morte, à corrupção. O córtex das árvores, a pele dos insetos, os cabelos e penas dos animais, até mesmo a epiderme dos homens são invólucros que eternamente separam, são repelentes, entregues ao decesso, detrás dos quais se formam sempre novos invólucros, sob os quais, por sua vez, mais à superfície ou mais profundamente, a vida traz à tona sua trama criadora.

Jena, 1807

Prefacia-se o conteúdo

Da presente coleção, apenas o escrito sobre a metamorfose das plantas foi impresso, ao qual, vindo à tona isoladamente em 1790, coube uma recepção fria, quase inamistosa. Tal repugnância, contudo, era completamente natural: a doutrina do *emboîtement* (*Einschachtelungslehre*), o conceito da pré-formação, da evolução sucessiva daquilo que já desde os tempos de Adão até aqui estaria presente, haviam universalmente tomado posse até mesmo das melhores cabeças;[19] ademais, no que concerne à formação das plantas, Lineu havia inaugurado com força de espírito determinada e decisivamente um tipo de representação mais bem adaptado ao espírito do tempo.

Meu honesto esforço quedou, assim, sem qualquer efeito, mas, satisfeito por ter encontrado o fio condutor para o meu próprio e quieto caminho, eu observava ainda mais cuidadosamente a relação, a atuação recíproca dos fenômenos normais e anormais, atentava em detalhe ao que a experiência presenteava de bom grado singularmente e, nesse ínterim, empreendia por todo um verão uma série de experimentos que me haveriam de ensinar como impossibilitar o fruto por exagero da nutrição, assim como acelerá-lo pela diminuição.

Eu fazia uso da possibilidade de iluminar ou escurecer a bel-prazer uma estufa a fim de conhecer o efeito da luz nas plantas; os fenômenos da descoloração e do branqueamento ocupavam-me em primeiro lugar, experimentos com lâminas de vidro colorido foram também realizados.

Quando adquiri suficiente prontidão para ajuizar na maior parte dos casos sobre a mutação e transmutação orgânica do mundo das plantas, para conhecer e derivar a sequência das figuras, senti-me então impelido a conhecer em detalhe igualmente a metamorfose dos insetos.

Isso ninguém nega: o curso de vida de tais criaturas é um contínuo transformar que se passa diante dos olhos e ao alcance das mãos. Meu conhecimento anterior, fruto de longos anos de cultivo do bicho-da-seda,

não se havia perdido; dei-lhe maior amplitude à medida que observei e fiz desenhar vários gêneros e tipos, desde o ovo até a borboleta, do que me restaram páginas dignas do mais alto julgamento.

Aqui não se encontrava contradição alguma com o que os livros nos relegam, e eu precisava apenas configurar de maneira tabelar um esquema segundo o qual se poderia colocar em série de maneira sequencialmente correta as experiências singulares e supervisionar distintamente o maravilhoso curso vital de tais criaturas.

Também desses esforços buscarei dar notícia, e de maneira completamente desenvolta, posto que ao meu ponto de vista não se opõe nenhum outro.

Simultaneamente a esse estudo minha atenção foi dirigida à anatomia comparada dos animais, especialmente dos mamíferos, pois já um grande interesse se movia nessa direção. Buffon e Daubenton muito realizaram, Camper surgia como um meteoro de espírito, ciência, talento e atividade, Sömmerring mostrava-se digno de admiração, Merck dirigia seu esforço sempre ativo a tais objetos; com todos os três eu mantinha ótima relação, epistolar com Camper, com os outros dois um contínuo contato pessoal mesmo em períodos de ausência.

No curso da fisionomia era preciso que a significância e a mobilidade das figuras ocupassem reciprocamente a nossa atenção, e também com Lavater, de fato, muito havia sido dito e trabalhado sobre esse assunto.

Mais tarde, em decorrência da minha estadia mais frequente e demorada em Jena e da incansável dádiva professoral de Loder, pude em pouco tempo contentar-me com alguma visada na formação animal e humana.

Aquele método, uma vez assumido na consideração das plantas e dos insetos, conduzia-me também nesse caminho: pois mediante separação e comparação das figuras era preciso que, também aqui, sua formação e transformação fossem enunciadas reciprocamente.

Aquele tempo, contudo, era mais sombrio do que hoje se pode imaginar. Afirmava-se, por exemplo, que dependia apenas dos humanos a possibilidade de facilmente saírem andando sobre os quatro membros, e que os ursos, se se mantivessem de pé por um determinado tempo, poderiam tornar-se humanos. O audacioso Diderot ousava certas sugestões

a respeito de como se poderiam produzir faunos com pé-de-cabra a fim de que, por ocasião de certo estado ou honraria, pudessem ser atados em *livrée* ao coche dos grandes e ricos.

Por muito tempo a diferença entre humanos e animais não queria deixar-se descobrir, até que afinal se acreditou separar decididamente de nós o símio porque tinha os seus quatro dentes incisivos num osso empírica e efetivamente diferente, e com isso todo o saber cambaleava séria e ridiculamente entre tentativas de comprovar meia verdade, de prescrever uma aparência qualquer ao falso, assim se ocupando de atividade arbitrária, caprichosa. A grande confusão, porém, trouxe à tona a disputa que questionava se a beleza, enquanto algo efetivo, precisava ser atribuída àquilo imanente aos objetos, ou, enquanto relativa, convencional, sim, individual, seria atribuída ao espectador e reconhecedor.[20]

Nesse ínterim, eu me dedicava completamente à osteologia; pois é no esqueleto que se nos conserva, de fato, o mais decisivo caractere de qualquer figura – seguramente e por tempos eternos. Colecionei em meu entorno relíquias antigas e mais novas, e em viagens eu pesquisava cuidadosamente em museus e arquivos em busca de tais criaturas que me pudessem ser, no todo ou singularmente, instrutivas.

Nesse caminho, logo senti a necessidade de apresentar um tipo no qual se avaliasse todos os mamíferos segundo adequação e diversidade, e tal como antes eu buscara a planta originária (*Urpflanze*), agora eu aspirava encontrar o animal originário (*Urtier*) – e isso afinal significa: encontrar o conceito, a ideia do animal.

A minha investigação laboriosa e cheia de penas foi facilitada, sim, adocicada, quando Herder empreendera o esboço das *Ideias para a história da humanidade*.[21] Nosso diálogo cotidiano ocupava-se dos princípios originários do oceano primitivo[22] e das criaturas orgânicas que desde então se desenvolveram. Discutia-se sempre o princípio originário e sua ininterrupta e contínua formação, e nossa posse científica foi refinada e enriquecida por recíproco compartilhamento e disputa.

Simultaneamente, eu me entretinha com outros amigos da maneira a mais vivaz sobre esses objetos que me ocupavam passionalmente, e tais diálogos não quedaram sem influência e utilidade recíprocas. De fato, talvez não seja arrogante imaginarmos que muita coisa surgida de tais fontes, reproduzida pela tradição no mundo científico, traga agora

frutos com os quais nos contentamos, mesmo que nem sempre se nomeia o jardim do qual resultaram tais súrculos.

Hoje, em virtude de experiência que mais e mais se amplia, por conta da filosofia que mais se aprofunda, vem sendo utilizada muita coisa que era inacessível, a mim e a outrem, no tempo em que foram escritos os textos que se encontram a seguir. Que seja visto historicamente, portanto, o conteúdo destas folhas, mesmo se agora elas devessem ser tidas por supérfluas; posto que podem valer, portanto, como testemunhas de uma atividade quieta, persistente, consistente.

A METAMORFOSE
das PLANTAS

Ne quidem me fugit nebulis subinde
hoc emersuris iter offundi,
istae tamen dissipabantur facile ubi
plurimum uti licebit experimentorum luce,
natura enim sibi semper est similis licet
nobis saepe ob necessarium defectum
observationum a se dissentire videatur.

Linnaei Prolepsis Plantarum. Diss. I.[23]

Introdução[24]

1. Qualquer um que apenas observe em alguma medida o crescimento das plantas notará facilmente que umas de suas partes exteriores algumas vezes se transmutam e, ora inteiramente, ora mais ou menos, passam à figura das partes subsequentes.

2. Assim, a flor simples no mais das vezes se altera numa flor duplicada,[25] por exemplo, desde que, em vez de filetes e anteras,[26] desenvolvam-se pétalas completamente iguais em figura e cor às demais da corola, ou que tragam em si sinais ainda visíveis de sua origem.

3. À medida que notamos então ser assim possível à planta dar um passo para trás e inverter a ordem do crescimento[27], tanto mais atentos nos faremos ao caminho regular da natureza e tomamos conhecimento das leis da transmutação, segundo as quais a natureza produz uma parte por meio da outra e apresenta as mais distintas figuras mediante a modificação de um único órgão.

4. A afinidade secreta entre as diversas partes exteriores da planta, as folhas, o cálice, a corola, os estames, que se desenvolvem uma depois da outra e quase uma a partir da outra, foi há muito universalmente conhecida pelos pesquisadores, e, de fato, também trabalhada em particular, e

o efeito por meio do qual um único e mesmo órgão se manifesta alterado em múltiplos modos foi chamado de *metamorfose das plantas*.

5. Essa metamorfose se manifesta de maneira tríplice: *regular*, *irregular* e *ocasional*.

6. A metamorfose *regular* pode ser chamada de *progressiva*: pois ela é o que se deixa notar desde os primeiros cotilédones[28] até a última formação do fruto, sempre em atuação gradual, subindo, pela transmutação de uma figura na outra, tal como por uma escada espiritual, até aquele ápice da natureza, a procriação por dois sexos. Foi isso que observei atentamente por vários anos e é para explicá-lo que empreendo o presente experimento. Também por isso consideraremos, na seguinte demonstração, a planta apenas na medida em que tenha um processo anual e proceda adiante, ininterruptamente, desde o grão da semente até a fecundação.

7. Poderíamos chamar a metamorfose *irregular* também de metamorfose *regressiva*. Pois, se no caso anterior a natureza apressa-se adiante rumo à grande finalidade, aqui ela regride um ou alguns passos. Se com impulso irresistível e potente esforço ela, ali, dá forma à flor e a equipa para os trabalhos do amor, aqui ela quase adormece e, sem se resolver, deixa a sua criação numa circunstância instável, fraca, frequentemente agradável aos nossos olhos, mas interiormente impotente e inativa. Por meio das experiências que teremos ocasião de fazer nessa metamorfose, seremos capazes de desnudar o que a metamorfose regular nos esconde, de ver distintamente o que naquele caso podemos apenas inferir; e dessa maneira é de se esperar que alcancemos o mais seguramente o nosso intento.

8. Em contrapartida, desviaremos nossa atenção daquela terceira metamorfose, que é efetuada *de maneira contingente*, exteriormente, particularmente por insetos, já que ela nos aparta do caminho simples que temos que seguir e poderia deslocar nossa finalidade. Talvez haja em outro momento a ocasião de falar dessas excrescências, monstruosas, no entanto restritas a certos limites.

9. Ousei levar a cabo o presente experimento sem referência a gravuras elucidativas, as quais, todavia, poderiam parecer necessárias sob vários aspectos. Reservo-me sua apresentação a uma possibilidade futura, o que pode acontecer com tanto mais facilidade, posto haver ainda material o bastante para elucidar e melhor complementar o presente

tratado, pequeno, apenas provisório. Não será necessário, então, manter como agora um andamento tão comedido. Serei capaz de adicionar muita coisa afim, e várias citações coligidas de escritores igualmente intencionados estarão em seu devido lugar. Particularmente, não deixarei de fazer uso de todos os relatos dos mestres contemporâneos, de quem a nobre ciência da botânica tem de se jactar. A estes eu entrego e dedico, portanto, as presentes folhas.

I. Das folhas da semente

10. Dado que temos por projeto observar a sequência gradual do crescimento das plantas, então direcionemos prontamente nossa atenção ao instante em que a planta se desdobra a partir do grão da semente. Nessa etapa podemos conhecer facilmente e em detalhe as partes que imediatamente lhe pertencem. Os seus invólucros[29] – estes que presentemente também não investigaremos –, ela os deixa mais ou menos para trás na terra e, no mais das vezes, quando a raiz se fixou no solo, traz à luz do dia os primeiros órgãos do seu crescimento seguinte, os quais já estavam ocultamente presentes sob o arilo.[30]

11. Esses primeiros órgãos são conhecidos pelo nome de *cotilédones*. Também foram chamados de gomo da semente, lóbulo lácteo, válvula ou folíolo seminal,[31] buscando-se, assim, descrever as diversas figuras tal como são percebidas.

12. Eles aparecem frequentemente de maneira disforme, como que preenchidos com uma matéria bruta, e têm alguma extensão tanto na espessura quanto na largura; seus vasos são indiscerníveis e quase não há como diferenciá-los da massa total; não têm quase nenhuma semelhança a uma folha, e nos desencaminharíamos se os tomássemos por órgãos particulares.

13. Entretanto, em muitas plantas a figura dos cotilédones se aproxima à de uma folha; tornam-se mais planos, assumem a cor verde num grau superior quando expostos à luz e ao ar, os vasos neles contidos tornam-se mais discerníveis, mais semelhantes às nervuras da folha.

14. Ao final, eles nos aparecem como efetivas folhas, seus vasos são capazes da mais fina conformação, sua semelhança com as folhas

subsequentes não nos permite tomá-los por órgãos particulares, mas, antes, conhecemos neles as primeiras folhas do caule.

15. Dado, porém, que não se pode pensar uma folha sem um nó e em um nó sem um olho, disso podemos inferir que aquele ponto onde os cotilédones estão adunados seja verdadeiramente o primeiro ponto nodal[32] da planta. Essa visão é fortalecida por aquelas plantas em que irrompem, imediatamente sob as asas dos cotilédones, jovens olhos, e partindo desses primeiros nós desdobram-se ramos completos, tal como costuma fazer, por exemplo, a *vicia faba*.

16. Os cotilédones são, na maioria, duplos, e acerca disso temos a ocasião de fazer uma observação, que na sequência nos parecerá ainda mais importante. As folhas desse primeiro nó são, a saber, frequentemente *emparelhadas*, mesmo quando as folhas seguintes do caule estão *alternadas*, e neste caso se mostra, pois, uma aproximação e ligação das partes que a natureza em seguida separa e distancia umas das outras. Ainda mais surpreendente é o caso em que os cotilédones aparecem como muitos folíolos reunidos ao redor de um eixo, e o caule, que se desenvolve cada vez mais do centro delas, produz isoladamente ao redor de si as folhas seguintes – o que se pode observar muito detalhadamente no crescimento das espécies *pinus*. Nelas, uma coroa de agulhas forma quase um cálice,[33] e seu caso será lembrado a seguir por ocasião de fenômenos semelhantes.

17. Deixemos presentemente sem tratamento as partes centrais singulares, totalmente disformes, das plantas que brotam com apenas uma folha.

18. Em contrapartida, observemos que mesmo os cotilédones mais semelhantes às folhas são sempre pobremente formados em face das folhas seguintes do caule. Em especial, seu contorno é extremamente simples, e nele não se vê traços de incisões, tampouco se nota pelos sobre sua superfície ou outros vasos de folhas mais bem formadas.

II. Formação das folhas do caule de nó a nó

19. Doravante podemos considerar com detalhe a formação sucessiva das folhas, posto que todos os efeitos progressivos da natureza ocorrem diante de nossos olhos. Algumas ou várias das folhas que agora se

seguem estão frequentemente presentes já na semente e repousam embutidas entre os cotilédones; no estado em que estão redobradas sobre si, são conhecidas pelo nome plúmula.[34] A sua figura, comparada à dos cotilédones e das folhas seguintes, comporta-se diversamente em plantas diversas, mas, no mais das vezes, distingue-se dos cotilédones porque já é formada de maneira plana, delicada, e sobretudo como verdadeiras folhas; colore-se completamente de verde, repousa sobre um nó visível e não mais pode negar a sua afinidade com as folhas caulinas seguintes; no entanto, diante dessas, ela é comumente inferior, dado que seu contorno, sua margem, não está completamente formado.

20. A formação ulterior, todavia, alarga-se ininterruptamente pela folha, de nó em nó, à medida que se alonga a nervura central dessa mesma folha, e as nervuras laterais que dela surgem mais ou menos se esticam para os lados. Essas diversas relações das nervuras umas contra as outras são a causa mais elevada das várias figuras foliares. As folhas aparecem, doravante, entalhadas, contendo profunda incisura, compostas de vários folíolos, e neste último caso prefiguram-se-nos pequenos e completos ramos. A tamareira dá-nos um excelente exemplo de tal máxima variação sucessiva da mais simples figura foliar. A nervura central impele-se adiante numa sequência de várias folhas, a folha simples em forma de leque é rasgada, repartida, e se desenvolve uma folha altamente composta, semelhante a um ramo.

21. Na mesma medida em que a própria folha acresce em formação, forma-se também o pecíolo,[35] quer ele esteja imediatamente em conjunto com a sua folha ou constitua um pedúnculo[36] particular, que se separa facilmente na sequência.

22. Observamos em diversos vegetais, por exemplo, no gênero *Citrus*, que esse pecíolo independente tem quase uma inclinação a transmutar-se em figura de folha, e a sua organização demandará, a seguir, algumas considerações que no presente esquivamos.

23. Também não podemos por enquanto adentrar na observação mais detalhada das estípulas;[37] notamos apenas de passagem que elas particularmente constituem uma parte do pedúnculo, transmutam-se de maneira igualmente particular tão logo este se transforma.

24. Assim como agora as folhas têm a sua primeira nutrição principalmente graças às partes aquosas mais ou menos modificadas que

elas subtraem ao tronco[38], igualmente elas devem à luz e ao ar sua ulterior formação e seu refinamento. Se aquele cotilédone surgido no invólucro seminal, não mais que apenas preenchido com uma seiva bruta, aparece-nos quase nada ou apenas rudemente organizado e sem forma, as folhas das plantas que crescem sob a água mostram-se-nos, igualmente, mais rudemente organizadas do que outras expostas ao ar puro; de fato, a mesma espécie vegetal chega até mesmo a desenvolver folhas mais lisas e menos refinadas quando cresce em lugares profundos e úmidos, ao passo que, recolocada em recantos mais elevados, produz folhas ásperas, providas com pelos, elaboradas mais em detalhe.

25. De maneira análoga, a anastomose[39] dos vasos – que surgem das nervuras e que buscam mesclar reciprocamente seus limites, formando-se as lígulas[40] – quando não exclusivamente efetuada, é pelo menos muito fomentada por melhores ares. Se as folhas de muitas plantas que crescem sob a água são filiformes ou tomam a figura de chifres, somos inclinados a atribuí-lo à falta de uma anastomose completa. Acerca disso ensina-nos manifestamente o crescimento do *ranunculus aquaticus*,[41] cujas folhas surgidas sob a água consistem em nervuras filiformes, mas aquelas desenvolvidas sobre a superfície da água são completamente anastomosadas, assumindo a forma de uma superfície conexa. De fato, nas folhas meio anastomosadas, meio filiformes dessa planta, se pode observar a contento a passagem.

26. Aprendeu-se por experiência que as folhas sorvem diversos tipos de ares e os reúnem à umidade contida em seu interior; também não resta nenhuma dúvida de que elas trazem essas seivas mais refinadas de volta ao caule, fomentando sobremaneira a formação dos olhos que repousam em sua proximidade. Pesquisaram-se os tipos de ares desenvolvidos das folhas de várias plantas, até mesmo dos tubos dos caniços, e assim foi possível persuadir-se completamente.

27. Notamos em relação a várias plantas que um nó surge do outro. Isso se torna evidente no caso dos caules que são fechados de nó em nó: os cereais, as gramíneas, os caniços; o mesmo não se dá no caso de outras plantas que se manifestam completamente tubulosas[42] no meio e preenchidas por uma medula[43] ou, antes, um tecido celuloso.[44] No entanto, dado que a posição de destaque até aqui ocupada por essa medula,

tal como era chamada, foi, diante de outras partes interiores da planta, questionada – e tal como me parece, com razões fortíssimas (Hedwig, na terceira parte da revista de Leipzig) –, e sua aparente influência no crescimento, recusada, não se hesitando atribuir toda força impulsiva e produtiva ao lado interno da segunda nervura, à assim chamada parênquima;[45] em virtude disso, persuade-se hoje, ao contrário, de que um nó superior, na medida em que surge a partir do antecedente e por meio deste recebe as seivas, haveria de obtê-las mais refinadas e filtradas, haveria de aproveitar também da influência das folhas, que se dá nesse ínterim, formar-se a si mesmo de maneira mais refinada e transmitir para suas folhas e olhos seivas mais refinadas.

28. Na medida em que, desse modo, os fluidos mais brutos são sempre destilados, fluidos mais puros são assim introduzidos e a planta gradualmente se aperfeiçoa, ela alcança o ponto predefinido pela natureza. Vemos finalmente as folhas em sua maior amplitude e formação, e logo em seguida nos aperceberemos de um novo fenômeno, que nos ensina: que a época até aqui observada chegara ao fim, que uma segunda se aproxima, a época da *florescência*.[46]

III. Passagem para a inflorescência[47]

29. Vemos a passagem para a inflorescência acontecer de maneira *mais rápida* ou *mais devagar*. No último caso, observamos comumente que as folhas do caule começam de novo a se contrair de fora para dentro, a perder especialmente suas várias divisões exteriores, estendendo-se mais ou menos, porém, em suas partes inferiores, onde coadunam com o caule; ao mesmo tempo, quando os espaços do caule não são notadamente alongados de nó em nó, pelo menos o vemos formado de maneira muito mais refinada e delicada que o seu estado anterior.

30. Observou-se que a nutrição frequente prejudica a inflorescência de uma planta, a comedida, e até mesmo pobre, a acelera. Assim, mostra-se ainda mais distintamente a atuação das folhas do tronco,[48] das quais tratamos acima. Desde que ainda haja seivas mais brutas a dispersar, os possíveis órgãos da planta têm de tomar a forma de instrumentos dessa necessidade. Se insistirmos numa nutrição exagerada,

aquela operação terá de ser repetida sempre, e a inflorescência se tornará quase impossível. Se subtrairmos à planta a nutrição, essa atuação da natureza será, ao contrário, facilitada e encurtada; os órgãos dos nós tornam-se refinados, o efeito das seivas incorruptas torna-se mais puro e poderoso, a transmutação das partes torna-se possível e ocorre ininterruptamente.

IV. Formação do cálice

31. No mais das vezes, vemos essa transmutação ocorrer *rapidamente*, e, neste caso, o caule, de uma só vez alongado e refinado, pressiona para o alto tendo por base o nó da última folha formada; e ajunta em sua extremidade várias folhas ao redor de um eixo.

32. Que as folhas do cálice sejam precisamente os mesmos órgãos que até aqui vimos na forma das folhas caulinas e que, no entanto, agora estão reunidas ao redor de um ponto central comum, às vezes em figura muito alterada, isso pode ser demonstrado ao que parece da maneira a mais distinta.

33. Já observamos acima, acerca dos cotilédones, uma semelhante atuação da natureza, pois vimos várias folhas, manifestamente vários nós, reunidos ao redor de um ponto e apertados um ao lado do outro. Ao se desdobrarem da semente, as espécies da *pícea*[49] exibem uma auréola de inconfundíveis e já muito bem formadas agulhas, ao contrário do costume de outros cotilédones; e na primeira infância dessa planta vemos já quase indicada aquela força da natureza mediante a qual deve ser efetuada, já na sua idade mais avançada, a inflorescência e a infrutificação.[50]

34. Além disso, em várias flores vemos folhas caulinas inalteradas amontoadas logo sob a corola, formando um tipo de cálice. Dado que ainda têm perfeitamente em si a mesma figura, cabe apenas remetermo-nos aqui ao seu aspecto visível e à terminologia botânica, que as designou pelo nome de folhas da inflorescência, *folia floralia*.[51]

35. Com atenção mais diversificada temos que observar o caso acima já mencionado em que a passagem para a inflorescência ocorre *lentamente*: as folhas caulinas contraem-se gradativamente, alteram-se e

como que se insinuam imperceptivelmente pelo cálice adentro, tal como se pode facilmente observar no caso de cálices de flores radiadas,[52] particularmente nos girassóis e nas calêndulas.

36. Essa força natural que reúne várias folhas ao redor de um eixo, vemo-la efetivar uma conexão ainda mais íntima, e até mesmo tornar ainda mais irreconhecíveis essas folhas aglomeradas e modificadas, na medida em que as conecta entre si algumas vezes completamente, frequentemente, porém, apenas em parte, produzindo-as lateralmente geminadas. As folhas tão intimamente amontoadas e imbricadas umas nas outras tocam-se ao máximo em seu estado delicado, anastomosam-se pela influência dos sucos altamente puros presentes na planta de agora em diante e apresentam-nos os cálices assim chamados campanuliformes, ou *cálices monofilos,*[53] os quais, mais ou menos fendidos ou partidos de cima adentro, mostram-nos distintamente a sua origem composta. Disso podemos nos instruir pelo aspecto exterior se compararmos um número de cálices profundamente fendidos a outros polifilos;[54] particularmente se consideramos detalhadamente os cálices de muitas flores radiadas. Assim, por exemplo, veremos que um cálice de calêndula, que é apresentado na descrição sistemática como *simples* e *pluripartido*, consistiria de várias folhas imbricadas umas sobre as outras, às quais como que se insinuam folhas caulinas contraídas, tal como dito acima.

37. O número e a figura em que as folhas do cálice se enfileiram ao redor do eixo do pedúnculo, ora isoladamente, ora geminadas, são permanentes em muitas plantas, e o mesmo se dá a respeito das outras partes subsequentes. Sobre essa permanência se sustentam, em sua maior parte, o incremento, a segurança, a glória da ciência botânica que vimos crescer continuamente em tempos mais recentes. Em outras plantas, todavia, a quantidade e a formação dessas partes não é igualmente permanente, porém até mesmo essa impermanência não pôde iludir o agudo dom de observação dos mestres desta ciência; ao contrário, mediante determinações precisas buscaram incluir também esses desvios da natureza como que num círculo mais restrito.

38. Dessa maneira a natureza forma, pois, o cálice: várias folhas, consequentemente vários nós, antes produzidos *sequencialmente* e em certa distância *uns dos outros*, são ligados *conjuntamente,* no mais das

vezes em certo número e ordenamento ao redor de um ponto central. Tivesse a inflorescência sido impedida por excessiva e desnecessária nutrição, essas folhas e esses nós teriam sido, então, impelidos para fora uns dos outros e apareceriam em sua figura primeira. A natureza, portanto, não forma no cálice órgão novo algum,[55] mas apenas liga e modifica os órgãos de que já tomamos conhecimento, e assim se apronta um novo patamar mais próximo do fim.

V. Formação da corola

39. Vimos que o cálice teria surgido mediante os sucos cada vez mais refinados produzidos na planta, e por isso, agora, ele é também determinado a ser órgão de uma refinação ulterior por vir. Isso se torna digno de crédito se explicamos o seu efeito também de maneira meramente mecânica. Pois os vasos que, como vimos acima, se contraíram e se imbricaram uns nos outros no mais alto grau têm de se tornar como sumamente delicados e destinados à filtração mais sutil.

40. Podemos observar em mais de um caso a passagem do cálice à corola, pois, embora a cor do cálice ainda se mantenha comumente verde e semelhante à cor das folhas caulinas, ela se altera frequentemente em uma ou outra de suas partes: nas pontas, nas margens, no dorso, ou até mesmo em seu lado interior, ao passo que o exterior ainda permanece verde; e vemos, ligada a essa coloração, em todo caso, um refinamento. Surgem, assim, cálices equívocos, que poderiam com igual justiça ser tomados por corolas.

41. Se já observamos que desde as folhas seminais em diante se segue uma grande extensão e elaboração das folhas, particularmente de sua periferia, mas desse ponto até o cálice, uma contração da sua circunferência, agora observamos que a corola, por sua vez, seria produzida por uma extensão. As pétalas[56] são comumente maiores do que as brácteas, pois é possível observar que, se os órgãos no cálice tornam-se contraídos, então, refinados num alto grau pela influência de sucos mais puros, quando, por sua vez, filtrados pelo cálice, eles novamente se estendem como pétalas e projetam órgãos novos e completamente diversos. A sua fina organização, sua cor, seu aroma impossibilitariam completamente

o nosso conhecimento da sua origem se não pudéssemos auscultar a natureza em vários casos extraordinários.

42. Assim, dentro do cálice de um cravo se encontra algumas vezes, por exemplo, um segundo cálice, que mostra, completamente verde em certa parte, a condição para um cálice monofilo fendido; noutra parte rasgado tanto nas pontas quanto nas margens, transmuta-se nos delicados, extensos e coloridos princípios efetivos das pétalas, o que nos dá a conhecer distintamente, mais uma vez, a afinidade da corola e do cálice.

43. Também a afinidade da corola com as folhas caulinas apresenta-se de vários modos: pois, em várias plantas, folhas caulinas já mais ou menos coloridas aparecem muito antes de se aproximar da inflorescência; outras colorem-se completamente na proximidade da inflorescência.

44. Algumas vezes a natureza também vai à corola imediatamente, quase saltando o órgão do cálice, e nesse caso temos também a ocasião de observar que folhas caulinas passam a pétalas. Assim, no caule da tulipa mostra-se algumas vezes, por exemplo, uma pétala quase completamente elaborada e colorida. Mas ainda mais notável é o caso em que tal folha, verde até a metade, com uma metade sua pertencendo ao caule, permanece nele apegada, ao passo que a sua outra metade, colorida, é alçada com a corola, e a folha se rasga em duas partes.

45. Uma opinião muito provável diz que a cor e o aroma das pétalas devem ser atribuídos à presença, nelas, da semente masculina. Provavelmente ela não está nas pétalas suficientemente destilada, mas ligada e diluída com outros sucos; e os belos fenômenos das cores nos levam a pensar que a matéria que preenche as pétalas, embora num elevado grau de pureza, ainda não se encontra no sumo grau, quando nos aparece branca e incolor.

VI. Formação dos estames[57]

46. Isso se tornará ainda mais provável se pensarmos a íntima afinidade das pétalas com os estames. Se a afinidade recíproca de todas as outras partes fosse igualmente tão manifesta, tão universalmente observada e indubitável, o presente tratado poderia ser dado por supérfluo.

47. Em alguns casos, a natureza nos mostra essa passagem de maneira regular, por exemplo, na *cana*[58] e em várias plantas dessa família. Uma verdadeira pétala, pouco modificada, contrai-se na margem superior, surgindo então uma antera em que o restante da folha faz o papel de filete.

48. Podemos observar essa passagem em todos os seus graus no caso de flores que aparecem no mais das vezes duplicadas. Em várias espécies de rosáceas, dentro das pétalas completamente formadas e coloridas surgem outras pétalas, contraídas em parte no meio, em parte marginalmente; essa contração é efetuada por um pequeno calo que se mostra mais ou menos como uma perfeita antera,[59] e precisamente nessa medida a folha se aproxima da figura mais simples de um estame. Em algumas papoulas[60] duplicadas, anteras[61] completamente formadas repousam sobre folhas pouco alteradas das corolas intensamente preenchidas; noutras, calos semelhantes a anteras contraem mais ou menos as folhas.

49. Se, todavia, todos os estames se transmutam em pétalas, as flores tornam-se inférteis; se, porém, à medida que uma flor se duplica ainda se desenvolvem estames, então se sucede a frutificação.

50. E assim surge um estame: quando os órgãos que até aqui vimos alargarem-se como pétalas de novo aparecem num estado ao mesmo tempo altamente contraído e refinado. A observação exposta acima é, assim, mais uma vez, atestada, e nos tornamos cada vez mais atentos a esse efeito alternante da contração e da extensão mediante o qual a natureza, enfim, alcança a sua finalidade.

VII. Nectários

51. Mesmo que em muitas plantas a passagem da corola aos estames seja tão rápida, observamos, contudo, que a natureza nem sempre pode percorrer esse caminho com apenas um passo. No mais das vezes ela produz órgãos intermediários, que em figura e determinação ora se aproximam a uma, ora a outra parte, e que, embora tenham formação altamente diversa, deixam-se unificar sob um único conceito: que seriam *passagens vagarosas das pétalas aos estames.*

52. A maioria desses órgãos diversamente formados que Lineu designou com o nome de nectários pode ser unificada sob um tal conceito; e também neste ponto encontramos ocasião de admirar a grande acuidade do extraordinário homem, que se deixou levar por uma suposição e ousou, sem determinar essas partes de maneira completamente distinta, registrar com um só nome órgãos de aparência tão diversa.[62]

53. Diversas pétalas, mesmo sem alterar consideravelmente a sua figura, mostram-nos a sua afinidade com os estames já ao portarem em si fovéolas[63] ou glândulas que expelem um suco melífero.[64] Que esse suco seja uma fovila[65] ainda não elaborada, não completamente determinada, isso podemos supor em certa medida com base nos pontos de vista já introduzidos acima, e tal suposição alcançará um grau ainda maior de probabilidade mediante as razões que apresentaremos abaixo.

54. Os assim chamados nectários também se mostram, então, como partes independentes; mas em seguida a sua formação ora se assemelha às pétalas, ora aos estames. Assim, por exemplo, os treze filamentos e treze glóbulos rubros no nectário da parnássia[66] são altamente semelhantes aos estames. Outros se mostram como filetes sem anteras, tal como na vallisneria,[67] na fevílea;[68] são vistos no pentapetes[69] revezando com os estames regularmente num círculo, e, de fato, já em figura de pétala; também são apresentados na descrição sistemática como *Filamenta castrata petaliformia.*[70] Vemos formações igualmente instáveis na kiggelaria[71] e na passiflora.[72]

55. Parecem-nos igualmente merecer o nome de nectários, no sentido dado acima, as autênticas *paracorolas.*[73] Pois quando a formação das pétalas acontece por uma extensão, então a paracorola, ao contrário, é formada por contração, consequentemente da mesma maneira que os estames. Assim, dentro de corolas completamente alargadas vemos pequenas paracorolas contraídas, tal como no narciso,[74] no nério,[75] na agrostema.[76]

56. Em diversas famílias vemos outras alterações das pétalas que são ainda mais manifestas e dignas de nota. Observamos em diversas flores que suas pétalas têm na parte interior e inferior um pequeno aprofundamento preenchido com um suco melífero. Essa fovéola, à medida que se aprofunda mais no caso de outras famílias e espécies de flores, produz no verso da pétala um alongamento esporoado ou corniforme e a figura

do restante da pétala logo se torna mais ou menos modificada. Pode-se observá-lo em diversas espécies e variedades da aquilégia.[77]

57. No mais alto grau de transmutação se encontra esse órgão, por exemplo, no acônito[78] e na nigela,[79] em cujos casos, portanto, a sua semelhança às pétalas será mais facilmente observada; especialmente na nigela elas brotam de novo facilmente em pétalas e a flor se duplica em virtude da transmutação dos nectários. No caso do acônito se conhecerá com alguma inspeção atenta a semelhança entre os nectários e a pétala convexa[80] sob a qual se escondem.

58. Se acima dissemos que os nectários seriam aproximações das pétalas aos estames, então podemos na presente ocasião fazer algumas observações sobre as flores irregulares. Seria possível, por exemplo, que as cinco pétalas exteriores do melianto[81] fossem recenseadas como verdadeiras pétalas, ao passo que as cinco interiores poderiam ser descritas como uma paracorola consistindo de seis nectários, dos quais o mais elevado maximamente se aproxima da figura da pétala, o mais inferior, ao qual já se dá o nome de nectário, maximamente dela se distancia. No mesmo sentido seria possível chamar de nectário a carena das flores papilionáceas,[82] posto que sob as pétalas dessa flor ela se conforma maximamente à figura dos estames e muito se distancia da figura petaloide do assim chamado vexilo.[83] Poderemos, assim, explicar bastante facilmente os corpos peniciliformes que se encontram apegados à extremidade da carena de algumas espécies da polígala,[84] e elaborar-nos um conceito distinto acerca da determinação dessas partes.

59. Desnecessário seria aqui assegurar-se seriamente que nessas observações a intenção não seja embaralhar o que foi separado e disposto em seções pelos esforços daqueles que observam e ordenam; deseja-se apenas com essas observações tornar mais explicáveis as formações vegetais desviantes.

VIII. Ainda sobre os estames

60. Que as partes sexuais das plantas sejam, tal como as demais, produzidas pelos vasos espirais,[85] isso foi posto fora de toda dúvida por observações microscópicas. Disso retiramos um argumento acerca da

identidade interior das diversas partes vegetais que nos apareceram até aqui em figuras tão variadas.

61. Se os vasos espirais repousam no meio dos emaranhados de vasos sucosos[86] e são por eles envolvidos, então aquela forte contração pode nos ser representada, em certa medida com maior detalhe, se os vasos espirais, que nos aparecem efetivamente como molas elásticas, forem pensados em sua maior força, preponderando-se de tal modo sobre os tais emaranhados a ponto de subordinarem a sua extensão.

62. Encurtados, os emaranhados vesiculares não podem mais se alargar, não podem mais se buscar reciprocamente e formar por anastomose nenhuma rede; os vasos tubulosos,[87] que noutro caso teriam preenchido os espaços intermediários da rede, não podem mais se desenvolver; todas as causas, mediante as quais as folhas do caule, do cálice e as pétalas fizeram-se extensas em largura, caem por terra aqui completamente e surge um fio fraco, sumamente simples.

63. Quase não são formadas ainda as finas películas das anteras, entre as quais se terminam doravante os vasos maximamente delicados. Mas se assumimos que precisamente aqueles vasos, que noutra circunstância se alongariam, se alargariam e de novo se buscariam reciprocamente, estão presentemente num estado maximamente contraído; se vemos doravante impelir-se para fora deles o pólen[88] altamente elaborado, que pela sua atividade substitui o que perderam em alargamento os vasos que o produziram; se o pólen, doravante desimpedido, passa a procurar as partes femininas, que cresceram opostamente aos estames pelo mesmo efeito da natureza; se ele se apega a elas fixamente e transmite-lhes as suas influências, então não estamos impedidos de chamar de uma anastomose espiritual a ligação de ambos os sexos, e acreditamos, pelo menos por um instante, termos aproximado um do outro os conceitos de crescimento e geração.

64. A matéria sutil que se desenvolve nas anteras aparece-nos como um pó;[89] os glóbulos de pólen são, contudo, apenas células que armazenam o suco mais sutil. Confirmamos, portanto, a opinião daqueles que afirmam que esse suco é sugado pelos pistilos, nos quais se apegam os glóbulos de pólen, e que assim se efetuaria a fecundação. Isso se mostra ainda mais provável posto que algumas plantas não segregam pólen, antes apenas uma mera umidade.

65. Aqui nos lembramos do suco melífero do nectário e da sua provável afinidade com a umidade mais elaborada das células espermáticas.[90] Talvez sejam os nectários instrumentos preparatórios, talvez o seu néctar seja sugado pelos estames, em seguida ulteriormente determinado e elaborado à perfeição; essa é uma opinião que se torna mais provável, posto que esse suco não é mais encontrado depois da fecundação.

66. Não deixamos de notar aqui, mesmo que de passagem, que tanto os filetes quanto as anteras concresceram diversamente, mostrando-nos os exemplos mais surpreendentes daquilo que várias vezes mencionamos, a saber, a anastomose e a ligação das partes que eram verdadeiramente separadas em seus primeiros começos.

IX. Formação do estilete[91]

67. Se até aqui me esforcei por trazer tanto quanto possível à intuição a identidade interior das diversas e subsequentes partes vegetais, em face da maior variação da sua figura exterior, então se pode logo supor que agora o meu propósito seja explicar por esse mesmo caminho também a estrutura das partes femininas.

68. Em primeiro lugar, consideramos o estilete separado do fruto, tal como também o encontramos frequentemente na natureza; e somos tanto mais permitidos a fazê-lo na medida em que ele se mostra, nesta figura, diferente do fruto.

69. Notamos, pois, que o estilete se encontra no mesmo degrau do crescimento onde encontramos os estames. Pudemos, por exemplo, observar que os estames são produzidos por uma contração; os estiletes estão com frequência no mesmíssimo caso, e vemo-los, se nem sempre em igual medida com os estames, todavia formados apenas um pouco mais curtos ou mais longos. Em muitos casos, o estilete parece igual a um filete sem antera e a afinidade de sua formação é manifestamente maior do que no caso de outras partes. Dado que tanto os estames quanto os filetes são produzidos por vasos espirais, então vemos ainda mais distintamente que nem a parte feminina, tampouco a masculina, seriam um órgão particular; e se a afinidade propriamente dita dessa parte feminina com a masculina nos for trazida corretamente à intuição, percebemos

então como ainda mais adequado e elucidativo aquele pensamento, a saber, chamar a reprodução de anastomose.

70. Muitas vezes, encontramos o estilete concrescido a partir de vários estiletes singulares, e as partes das quais consiste quase não são cognoscíveis na extremidade, onde elas nunca são sempre separadas. Essa concreção, cujo efeito já notamos várias vezes, torna-se aqui maximamente possível; de fato, ela tem de ocorrer porque as partes sutis, antes de seu desenvolvimento completo, estão comprimidas no centro da inflorescência e podem ligar-se umas com as outras da maneira a mais íntima.

71. Em diversos casos regulares a natureza nos mostra mais ou menos distintamente a íntima afinidade às partes precedentes da inflorescência. Assim, por exemplo, o pistilo da íris[92] com o seu estigma apresenta-se diante dos nossos olhos na figura perfeita de uma pétala. O estigma umbeliforme[93] da sarracênia[94] mostra-se, embora não à primeira vista, composto de várias pétalas, mas não chega a negar a cor verde. Se quisermos recorrer ao microscópio, então encontramos vários estigmas, por exemplo, o do croco,[95] da zannichéllia,[96] formados como perfeitos cálices monófilos ou polífilos.

72. De maneira regressiva, a natureza nos mostra muito frequentemente o caso em que transmuta os estiletes e estigmas de volta em pétalas; por exemplo, o *rannunculus asiaticus* torna-se de tal maneira duplicado que os estigmas e pistilos do ovário[97] transformam-se em verdadeiras pétalas, ao passo que os estames logo detrás da corola acham-se frequentemente inalterados. Alguns outros casos dignos de nota serão elencados abaixo.

73. Repetimos agora aquela observação apresentada acima, de que estilete e filetes estão no mesmo degrau do crescimento, e por meio disso elucidamos mais uma vez aquele fundamento da alternância entre estender e contrair. Partindo da semente até o desenvolvimento máximo da folha caulina, observamos em primeiro lugar uma extensão, em seguida vimos surgir o cálice mediante uma contração, as pétalas por uma extensão, as partes sexuais de novo por uma contração; e logo tomaremos notícia da extensão máxima no fruto e da máxima concentração na semente. Nesses seis passos a natureza ininterrupta completa o trabalho eterno da procriação dos vegetais mediante os dois sexos.

X. Dos frutos

74. Teremos agora de observar os frutos e logo nos persuadirmos de que estes têm mesma origem e estão submetidos a mesmíssimas leis. Aqui tocamos propriamente no tema daqueles conceptáculos[98] que a natureza forma para encerrar as assim chamadas sementes cobertas[99], ou antes para desenvolver por reprodução, a partir do mais íntimo desses conceptáculos, uma quantidade maior ou menor de sementes. Que esses receptáculos possam também ser explicados a partir da natureza e organização das partes até aqui consideradas, isso será mostrado com pouco esforço.

75. A metamorfose retrógrada faz, mais uma vez, com que estejamos aqui atentos a essa lei da natureza. Nos cravos, por exemplo, essas flores tão conhecidas e amadas em virtude de sua variação, podem-se observar que os ovários[100] se alteram de novo em folhas semelhantes a um cálice, e que, precisamente à medida que isso acontece, os estiletes sobrepostos perdem em comprimento; de fato, encontram-se cravos nos quais o ovário transmutou-se num cálice efetivamente completo, cujas cisões portam, nas pontas, ainda resquícios delicados dos estiletes e estigmas, e do mais íntimo desse segundo cálice desenvolve-se, no lugar da semente, de novo uma corola petalada mais ou menos perfeita.

76. Ademais, a própria natureza revelou-nos de uma maneira muito variada, por formações regulares e constantes, a fertilidade que repousa escondida numa folha. Eis que uma folha da tília[101], certamente alterada, porém ainda completamente reconhecível, produz um pedúnculo a partir da sua nervura central, e nele uma perfeita flor e fruto. No caso do rusco,[102] a maneira tal como flores e frutos assentam-se sobre as folhas é ainda mais digna de nota.

77. A fertilidade imediata das folhas caulinas nas samambaias[103] nos está disposta ante os olhos de maneira ainda mais forte e até mesmo desmesurada, posto que desenvolvem e disseminam, por um impulso interno e até mesmo talvez sem a ação determinada de dois sexos, inúmeras sementes ou antes córculos[104] passíveis de crescimento, a partir do que, então, uma folha compete em fertilidade com uma planta desenvolvida ou com uma árvore grande e rica em galhos.

78. Se agora mantemos fixas essas observações, então não deixaremos de reparar nos receptáculos das sementes[105] a figura foliar, a despeito mesmo de sua formação variada, de sua determinação particular e ligação entre si. Assim, por exemplo, a vagem[106] seria uma folha simples dobrada em si, concrescida unificadamente em suas margens; as síliquas consistiriam de várias folhas que cresceram umas sobre as outras; os conceptáculos compostos[107] explicar-se-iam a partir de várias folhas que se teriam unificado ao redor de um ponto central, abrindo umas ante as outras seu mais íntimo, conectando umas com as outras as suas margens. Podemos persuadir-nos disso pelo aspecto exterior quando tais cápsulas compostas separam-se umas das outras depois da maturação, posto que, então, cada uma de suas partes se apresenta como uma vagem ou síliqua aberta. Vemos, igualmente, ocorrer um efeito semelhante no caso de espécies diversas de um único e mesmo gênero; por exemplo, os pericarpos[108] da *nigella orientalis* aparecem na figura de vagens meio geminadas, centrípetas, ao passo que no caso da *nigella damascena* aparecem completamente geminadas.

79. A natureza maximamente nos subtrai à visão essa semelhança com as folhas quando forma pericarpos suculentos e tênues, ou lenhosos e duros; mas ela não poderá eludir nossa atenção se soubermos lhe seguir cuidadosamente em todas as passagens. Que tenha sido suficiente, aqui, apenas ter indicado o conceito universal dessa semelhança com as folhas e ter provado a concordância da natureza em alguns exemplos. A grande variedade dos pericarpos nos fornecerá material para mais considerações.

80. A afinidade dos pericarpos às partes antecedentes mostra-se também por meio do estigma, este que, em muitos casos, está assentado sobre o ovário, estando com ele inseparavelmente conectado. Já mostramos acima a afinidade do estigma à figura foliácea e podemos, aqui, apresentá-la mais uma vez, quando se pode notar em papoulas duplicadas que os estigmas dos pericarpos são transformados em folíolos coloridos, delicados, perfeitamente semelhantes a pétalas.

81. A última e a maior extensão que a planta empreende em seu crescimento mostra-se no fruto. Ela é frequentemente muito grande e até gigantesca, tanto em relação à força interior quanto à figura exterior. Dado

que essa extensão ocorre comumente depois da fecundação, a semente, agora mais determinada, parece direcionar principalmente ao pericarpo os sucos que absorve da planta inteira para seu crescimento, daí que seus vasos sejam nutridos, alargados e frequentemente preenchidos e distendidos no mais alto grau. Que ares mais purificados participem em larga medida nesse processo, isto já se pode concluir do que foi dito anteriormente, e por experiência se comprova que as vagens inchadas da colútea[109] contêm ar puro.

XI. Dos integumentos imediatos da semente[110]

82. Contrariamente, atestamos que a semente se encontra no mais alto grau de contração e formação do seu interior. Pode-se observar em diversas sementes que elas transformam folhas em seus tegumentos mais próximos, que adéquam-nas mais ou menos a si mesmas e, de fato, mediante o seu poder, no mais das vezes as conectam completamente a si e transmutam-lhes integralmente a figura. Dado que vimos acima várias sementes desenvolverem-se de – e numa – única folha, então não nos surpreenderemos se um único córculo[111] se vestir num tegumento foliáceo.

83. Vemos nas várias sementes aladas, por exemplo, nas do ácer,[112] dos olmos,[113] dos freixos,[114] das bétulas,[115] os vestígios de tal figura foliar não completamente adequada às sementes. Um exemplo muito notável de como um córculo contrai cada vez mais tegumentos mais largos, adequando-os a si, dão-nos as três esferas diversas das sementes diversamente figuradas da calêndula. A esfera mais exterior mantém ainda uma figura aparentada às folhas do cálice; apenas que um óvulo[116] ao estender as nervuras recurva a folha, e tal recurvamento é divido interior e longitudinalmente em duas partes por uma membrana. A esfera seguinte já se alterou um pouco mais, a largura do folíolo e a membrana desapareceram completamente; em contrapartida, a figura alongou-se um tanto menos, o óvulo que se encontra no dorso mostra-se mais distintamente e as pequenas elevações que se acham sobre esse mesmo óvulo são mais fortes; essas duas camadas parecem estar ou totalmente infecundas ou apenas incompletamente

fecundadas. Sucede-lhes a terceira camada seminal, fortemente recurvada ante sua figura legítima e com um invólucro completamente adequado, completamente elaborado em todas as suas estrias e elevações. Vemos aqui mais uma vez uma poderosa contração de partes alargadas semelhantes a folhas, e agora contraídas pela força interna da semente, tal como acima a pétala pela força da antera.

XII. Retrospecto e passagem

84. Teríamos, dessa maneira, seguido a natureza em seus passos tão cautelosamente quanto possível; acompanharíamos a figura exterior da planta em todas as suas transmutações desde o seu desdobramento a partir do grão de semente até a nova formação. E sem a arrogância de ter querido descobrir as causas primeiras dos efeitos naturais, direcionamos nossa atenção às manifestações exteriores das forças por que a planta transforma mais e mais um único e mesmo órgão. Para não perder o curso uma vez apreendido, consideramos as plantas continuamente apenas na medida em que eram anuais, notamos apenas as transmutações foliares que acompanham os nós e deles derivamos todas as figuras. Contudo, para dar a este experimento a completude necessitada, será doravante necessário ainda falar dos olhos, que repousam escondidos sob cada folha, que se desenvolvem sob certas circunstâncias e sob outras parecem desaparecer completamente.

XIII. Dos olhos[117] e do seu desenvolvimento

85. Todo nó tem por natureza a força de produzir um ou vários olhos; e isso acontece, de fato, na proximidade das folhas que o recobrem, estas que parecem preparar e coefetuar a formação e o crescimento dos olhos.

86. A primeira propagação dos vegetais, que progride simples e lentamente, consiste no desenvolvimento sucessivo de um nó a partir de outro, na formação de uma folha em cada nó e de um olho em sua proximidade.

87. Sabe-se que tal olho tem, no que diz respeito a seus efeitos, uma grande semelhança com a semente madura; sabe-se também que se pode

frequentemente conhecer naquele, muito mais do que nesta, a figura inteira da planta vindoura.

88. Embora não se possa notar tão facilmente no olho uma radícula,[118] mesmo assim ela está tão presente no olho quanto na semente e desenvolve-se fácil e rapidamente, particularmente por influência da umidade.

89. O olho não precisa de nenhum cotilédone, pois está conexo à sua planta-mãe já completamente organizada e, desde que ligado a ela, dela obtém suficiente nutrimento, ou, depois da separação, junto à nova planta à qual foi trazido, ou, tão logo se tenha depositado um ramo na terra, mediante as raízes que se formam imediatamente.

90. O olho consiste de nós e folhas mais ou menos desenvolvidos que devem levar adiante o crescimento vindouro. Desse modo, os ramos laterais, que surgem dos nós da planta, podem ser considerados plântulas particulares que se acham apegadas à matéria-mãe precisamente tal como esta se fixa na terra.[119]

91. A comparação e diferenciação entre olhos e sementes já foi com bastante frequência levada a cabo, mas, particularmente há pouco tempo, desenvolvida com tamanha perspicácia e com tanta precisão que aqui podemos apenas citá-la com uma aprovação incondicionada (Gärtner, *De fructibus et seminibus plantarum*, cap. 1).

92. De tal obra destacamos apenas o seguinte. Nas plantas mais elaboradas, a natureza diferencia distintamente entre olhos e sementes. Mas se descemos destas até as plantas menos elaboradas, então a diferença entre ambas parece perder-se mesmo diante do olhar do observador mais acurado. Há sementes que estão fora de dúvida, brotos que estão fora de dúvida; mas o ponto onde as sementes efetivamente fecundadas, isoladas da planta-mãe pela ação dos dois sexos, identificam-se com os brotos, que apenas se impelem a partir da planta e dela se desapegam sem uma causa observável, tal ponto há de ser bem conhecido com o entendimento, mas de maneira alguma com os sentidos.

93. Se ponderarmos bem essas razões, poderemos inferir que as sementes, que se diferenciam dos olhos pelo seu estado encerrado em si, e dos brotos pelas causas visíveis de sua formação e seu isolamento, são, contudo, intimamente aparentadas a ambos.

XIV. Formação das inflorescências e frutificações compostas

94. Buscamos até aqui explicar pela transmutação das folhas nodais as inflorescências simples e igualmente as sementes que são produzidas apegadas em cápsulas, e na ocasião de uma investigação mais detalhada encontrar-se-á que, neste caso, não se desenvolve nenhum olho, ao contrário, a possibilidade de tal desenvolvimento é completamente suspensa. Contudo, para explicar tanto as inflorescências compostas quanto as frutificações comuns ao redor de um único cone, de um único fuso, sobre uma única base, etc., precisamos agora tomar como auxílio o desenvolvimento dos olhos.

95. Observamos com muita frequência que certos caules, sem se prepararem e se pouparem longamente para uma única inflorescência, impelem afora já dos nós as suas flores, e assim procedem ininterruptamente até o seu ápice. Os fenômenos que nesses casos ocorrem podem, contudo, ser explicados com base na teoria exposta acima. Todas as flores que se desenvolvem a partir dos olhos devem ser tomadas por plantas inteiras, que se encontram sobre a planta-mãe tal como esta sobre a terra. Dado que elas assim conseguem sucos mais puros a partir dos nós, mesmo as primeiras folhas do raminho aparecem então muito mais bem formadas do que as primeiras folhas da planta-mãe a sucederem os cotilédones; sim, torna-se possível frequentemente a elaboração imediata do cálice e da flor.

96. Precisamente, esses botões que se formam a partir dos olhos teriam, por ocasião de nutrimento em excesso, se tornado ramos e se conformado igualmente ao destino do caule-mãe, ao qual ele há de estar submisso sob tais circunstâncias.

97. Assim como esses tais botões se desenvolvem de nó em nó, também notamos aquela alteração das folhas caulinas, a qual anteriormente observamos na passagem lenta para o cálice. Elas contraem-se mais e mais e quase desaparecem completamente ao final. Dá-se-lhes, então, o nome de brácteas na medida em que se distanciam mais ou menos da figura foliar. Da mesma forma, afina-se o caule, os nós se aproximam mais uns dos outros e ocorrem todos os fenômenos que notamos acima, apenas que nenhuma inflorescência decisiva sucede-se

no ápice do caule, posto que a natureza já exerceu de olho em olho o seu direito.

98. Se agora observamos bem um tal caule adornado em cada nó com uma flor, poderemos logo explicar uma *inflorescência comum*: se trouxermos para o nosso auxílio o que foi dito acima sobre o surgimento do cálice.

99. A natureza forma um *cálice comum* a partir de *muitas* folhas que impeliu umas sobre as outras e reuniu ao redor de um eixo; com precisamente o mesmo impulso forte do crescimento ela desenvolve *um caule* quase *infinito, com todos os seus olhos na forma de botão, de uma só vez, na proximidade a mais possivelmente* amalgamada, e cada uma das florzinhas fecunda o vaso espermático já preparado sob si. Nessa contração gigantesca, as folhas nodais nem sempre se perdem; nos cardos,[120] o folíolo acompanha permanentemente a florzinha que se desenvolve ao seu lado a partir do olho. Que se compare o que se diz neste parágrafo com a figura do *dipsacus laciniatus.*[121] No caso de vários tipos de gramíneas, cada um dos botões é acompanhado por tal folíolo, que neste caso é chamado gluma.[122]

100. Há de nos ser visível, assim, a maneira tal como as sementes desenvolvidas ao redor de uma inflorescência comum são verdadeiros olhos elaborados e desenvolvidos pela ação de ambos os sexos.[123] Se tomarmos fixamente este conceito e considerarmos, neste sentido, várias plantas, seu crescimento e infrutescências, então seremos mais bem persuadidos, no caso de algumas comparações, por seu aspecto exterior.

101. Não nos será difícil explicar, agora, a infrutescência das sementes, cobertas ou nuas, reunidas no meio de uma única flor, frequentemente ao redor de um fuso. Pois dá no mesmo se, de um lado, uma única flor circunda uma infrutescência comum e os pistilos geminados sugam das anteras da flor os sucos fecundantes e os fazem confluir aos grãos de semente, ou, de outro, se cada um dos grãos de semente tem ao redor de si seu próprio pistilo, sua própria antera, suas próprias pétalas.

102. Estamos convencidos de que não é difícil, com algum treinamento, explicar por essa via as várias figuras das flores e dos frutos; apenas será exigido a tal fim que se saiba operar facilmente com aqueles conceitos estabelecidos acima, extensão e contração, aglutinamento

e anastomose, tal como se fossem fórmulas algébricas, e que se saiba aplicá-los precisamente onde estão concernidos.[124] Todavia, dado que nesse caso muito dependerá de que se observe detalhadamente e se compare mutuamente os diversos degraus que a natureza percorre tanto na formação dos gêneros, espécies e variedades quanto no crescimento de cada planta singular, então uma coleção de desenhos dispostos sequencialmente para essa finalidade e uma aplicação da terminologia botânica às diversas partes vegetais seria, meramente nessa perspectiva, agradável e bastante útil. Se dois casos de flores perfoliadas[125] nos forem dados à vista, os quais vêm de bom grado ao auxílio da teoria introduzida acima, serão ditos bastante decisivos.

XV. Rosa perfoliada

103. Tudo isso que até agora buscamos apreender com a imaginação e o entendimento é demonstrado da maneira a mais distinta pelo exemplo de uma rosa perfoliada. Cálice e coroa estão ordenados e desenvolvidos ao redor do eixo, e, apesar de que o ovário devesse estar *contraído* no centro, e nele e ao seu redor devessem estar *ordenadas* as partes reprodutoras masculinas e femininas, direciona-se o pedúnculo, meio *avermelhado*, meio *esverdeado*, de novo para *o alto*; porém, nele se desenvolvem *sucessivamente* pétalas menores, vermelho-escuras, redobradas, algumas das quais trazendo em si traços das anteras. O pedúnculo cresce adiante, logo se pode ver nele, de novo, espinhos; as pétalas singulares e coloridas subsequentes tornam-se menores e enfim se transformam diante dos nossos olhos em folhas caulinas meio avermelhadas, meio esverdeadas; forma-se uma série de nós regulares, de cujos olhos, mais uma vez, botõezinhos de rosa vêm à tona, embora incompletos.

104. Precisamente esse exemplar nos apresenta ainda uma prova visível do que foi aduzido acima: que todos os cálices sejam *folia floralia* contraídas apenas em suas margens. Pois o cálice regular reunido ao redor do eixo consiste, aqui, de cinco folhas completamente desenvolvidas, tripla ou quintuplamente compostas, iguais às que, noutras circunstâncias, os ramos da rosa produzem em seus nós.

XVI. Cravo perfoliado

105. Se observarmos corretamente esse fenômeno, seremos ainda mais surpreendidos com outro que se mostra num cravo perfoliado. Vemos uma perfeita flor, que dispõe de cálice e, além dele, de uma corola duplicada e, no centro, também um ovário, embora não completamente formado. Partindo dos lados da corola desdobram-se quatro novas flores completas que se distanciam da flor matriz por caules compostos de três ou mais nós; além disso, elas têm cálices e são de novo duplicadas, não tanto por pétalas singulares, senão que por corolas petaladas cujas agulhas são geminadas, mas, no mais das vezes, por pétalas geminadas como raminhos e desdobradas ao redor de um pedúnculo. Apesar desse desenvolvimento gigantesco, em algumas flores os filetes e as anteras estão presentes. Podem-se ver os pericarpos com seus estiletes e os receptáculos das sementes desdobrados em folhas; de fato, em uma dessas flores os integumentos seminais estavam ligados, formando um cálice perfeito, e continham em si de novo a condição para uma flor completamente duplicada.

106. Se vimos no caso da rosa uma inflorescência como que determinada apenas até a metade, de cujo centro, por sua vez, víamos impelir-se um caule e nele se desdobrarem novas folhas caulinas, agora neste cravo, então, junto ao cálice bem formado e à corola perfeita, junto aos *ovários* situados efetivamente no *centro*, descobrimos *olhos desenvolvendo-se a partir do círculo das pétalas* e apresentando verdadeiros ramos e flores. Destarte, ambos os casos nos mostram que a natureza conclui normalmente nas flores o seu crescimento e, por assim dizer, calcula, de modo a cessar a possibilidade de ir adiante em infinitos passos singulares, a fim de alcançar mais rapidamente, pela elaboração das sementes, o objetivo.

XVII. A teoria da antecipação de Lineu

107. Neste caminho, que um dos meus predecessores, embora o tenha experimentado ainda pela mão do seu grande mestre, descreveu como tão temeroso e perigoso (Ferber, in: *Praefatione dissertationis*

secundae de prolepsi plantarum); se neste caminho eu também tropecei aqui e ali, se não o deixei suficientemente plano e livre de todo obstáculo para o melhor dos meus sucessores, eu espero, contudo, não ter empreendido em vão este esforço.

108. Agora é o momento de refletir sobre a teoria que Lineu arranjou para a explicação desses mesmos fenômenos. Ao seu agudo olhar não puderam passar despercebidas as observações que também deram ocasião à presente exposição. E se doravante podemos progredir exatamente onde ele estancou, devemo-lo aos esforços comuns de tantos observadores e pensadores que retiraram do caminho tanto obstáculo e destruíram tanto preconceito. Uma comparação detalhada entre a sua e a teoria exposta acima nos deteria aqui em demasia. Os conhecedores a farão facilmente, e precisaria ser muito detalhada para se tornar apreensível para aqueles que ainda não pensaram sobre esse objeto. Apenas sucintamente observemos o que impediu Lineu de seguir adiante e até o objetivo.

109. Ele teceu suas considerações a princípio a partir de árvores, essas plantas compostas e de longa duração. Ele observou que uma árvore, quando nutrida de maneira excessiva num amplo vaso, produz, por anos a fio, ramos sobre ramos, mas, quando circunscrita a um vaso mais estreito, porta rapidamente flores e frutos. Ele viu que o desenvolvimento sucessivo do primeiro caso foi, no segundo, comprimido, produzido de uma só vez. Por isso ele chamou esse efeito da natureza de *prolepsis* – uma *antecipação* –, pois a planta parecia antecipar seis anos mediante os seis passos que notamos acima. E assim ele levou a termo sua teoria que concerne aos botões das árvores, sem dar atenção particular às plantas anuais, posto que pôde notar claramente que sua teoria não se adequava tão bem a estas quanto àquelas. Pois, segundo a sua doutrina, seria preciso assumir que toda planta anual teria sido, na verdade, determinada por natureza a crescer seis anos, e que teria, na floração e frutificação, antecipado esse prazo mais longo e então se consumido.

110. De outro modo, acompanhamos em primeiro lugar o crescimento das plantas anuais; e agora se podem aplicar facilmente essas nossas observações às plantas mais duradouras, posto que um botão da mais velha árvore em vias de se abrir há de ser visto como uma planta

anual, mesmo que se tenha desenvolvido de um tronco há muito já existente e que possa ter uma duração maior.

111. A segunda causa que impediu Lineu de progredir ulteriormente foi o fato de ter tomado muito frequentemente os diversos círculos da matéria vegetal, o córtex exterior, o interior, o lenho, a medula, cada um circunscrito dentro do anterior, por partes igualmente atuantes, viventes e necessárias num mesmo grau, e de ter atribuído a origem das partes das folhas e do fruto a esses diversos círculos do tronco, uma vez que aquelas, tal como estes, parecem envolver-se umas pelas outras e desenvolver-se umas das outras. Essa, porém, foi apenas uma observação superficial que, considerada mais de perto, se comprova nula. Pois o córtex exterior não é destinado a produzir ulteriormente, e no caso de árvores duradouras torna-se, externamente, uma massa demasiado endurecida e isolada – assim como o lenho –, internamente, demasiado endurecido. No caso de muitas árvores, o córtex exterior depreende-se e cai, no caso de outras, pode ser retirado sem lhes causar o menor prejuízo; não produzirá, portanto, nem um cálice, tampouco qualquer outra parte vivente da planta. O segundo córtex é aquele que contém toda a força da vida e do crescimento. À medida que é danificado, compromete-se o crescimento, pois é ele que, em consideração mais detalhada, produz sucessivamente no caule, ou de uma só vez na flor e no fruto, as partes exteriores da planta. Lineu atribuiu-lhe apenas a tarefa subordinada de produzir as pétalas. Ao lenho, em contrapartida, foi conferida a importante produção dos estames, em vez de tomá-lo, como se pode bem observar, por uma parte levada a estancar-se mediante solidificação e, mesmo que duradoura, inerte em relação à ação vital. A medula executaria, enfim, a função mais importante: produzir as partes reprodutoras femininas e uma numerosa prole. As dúvidas que se levantou contra esse grande mérito da medula, as razões que se lhe opuseram são importantes e decisivas também para mim. Era apenas aparente que estilete e fruto se desenvolveriam da medula, já que, quando miramos tais figuras pela primeira vez, elas parecem encontrar-se num estado fluido, indeterminado, semelhante à medula, parenquimatoso, comprimindo-se precisamente no meio do caule, onde nos acostumamos a ver apenas medula.

XVIII. Repetição

112. Eu desejo que o presente experimento — explicar a metamorfose das plantas — possa contribuir em alguma medida para a dissolução dessas dúvidas e para ocasionar ulteriores considerações e inferências. As observações sobre as quais esse experimento se fundamenta já foram feitas isoladamente, também coligidas e sequenciadas (Batsch, *Anleiung zur Kenntnis und Geschichte der Pflanzen*, 1ª parte, cap. 19); e logo se decidirá se o passo que aqui empreendemos se aproxima da verdade. Façamos agora uma síntese tão curta quanto possível dos principais resultados da presente exposição.

113. Se considerarmos uma planta enquanto ela manifesta a sua força vital, veremos isso acontecer de uma maneira dupla: em primeiro lugar, pelo *crescimento*, na medida em que produz caule e folhas, e em seguida pela *propagação*, que se completa no constructo das flores e dos frutos. Se mirarmos mais detalhadamente o crescimento, veremos que à medida que a planta se sucede de nó em nó, de folha em folha, à medida que medra,[126] acontece igualmente uma propagação, que se diferencia da flor e do fruto, que acontece *de uma só vez*, posto que ocorre *sucessivamente*, que se mostra numa sequência de desdobramentos singulares. Essa força de medrar, que se manifesta sequencialmente, no extremo do detalhe é afim àquela força que de uma só vez desdobra uma grande propagação. Pode-se, em diversas circunstâncias, obrigar uma planta a *medrar* incessantemente, pode-se, em contrapartida, *acelerar a inflorescência*. Dá-se o primeiro caso quando seivas mais brutas impõem-se à planta numa maior medida; o segundo, quando as forças mais espirituais nela preponderam.

114. Já por chamarmos o *medrar* de uma propagação sucessiva e a *inflorescência e frutificação*, por sua vez, de uma propagação simultânea, foi designada também a maneira tal como ambos se manifestam. Uma planta que *medra* estende-se mais ou menos, desenvolve um pedúnculo ou caule, os internódios são no mais das vezes observáveis e as suas folhas se alargam, para todos os lados, a partir do caule. Uma planta que *floresce*, em contrapartida, contraiu-se em todas as suas partes, suspenderam-se, por assim dizer, o comprimento e a largura e todos os seus órgãos se desenvolveram num estado altamente concentrado, a princípio uns apegados nos outros.

115. A planta pode então medrar, florescer ou frutificar, em todo caso, todavia, são sempre os *mesmos órgãos* que satisfazem o preceito da natureza em determinações variadas e em figuras frequentemente alteradas. O mesmo órgão que se expandiu como folha no caule e assumiu uma figura altamente variada, agora, no cálice, se contrai, na pétala, de novo, se estende, nos aparelhos reprodutores, se contrai, para estender-se pela última vez como fruto.

116. Esse efeito da natureza está simultaneamente ligado a outro, à *reunião de diversos órgãos ao redor de um centro* segundo certos números e medidas, os quais, porém, no caso de muitas flores e frequentemente em certas circunstâncias, são em muito excedidos e alterados de várias maneiras.

117. Do mesmo modo, no caso da *formação* das flores e dos frutos coopera *uma anastomose* pela qual as partes da frutificação amalgamadas umas nas outras, altamente sutis, são conectadas o mais intimamente, seja pelo tempo de toda a sua duração, seja apenas por um seu período.

118. Contudo, esses fenômenos da *aproximação, centralização* e *anastomose* não são próprios apenas da inflorescência e frutificação; ao contrário, podemos perceber algo semelhante no caso dos cotilédones, e a seguir outras partes vegetais nos darão matéria abundante para considerações semelhantes.

119. Assim como buscamos, pois, explicar a aparência diversa dos órgãos das plantas que medram e que florescem a partir de um único órgão, a saber, *da folha* que se desdobra em cada nó, do mesmo modo ousamos deduzir da figura foliar aqueles frutos que costumam encerrar em si fixamente as suas sementes.

120. É evidente que precisaríamos de um termo universal pelo qual pudéssemos designar esse órgão metamorfoseado em figuras tão diversas e, com isso, comparar todas as manifestações da sua figura: no presente precisamos nos satisfazer com o costume de opor as manifestações umas ante as outras progressiva ou regressivamente. Pois podemos com igual justiça dizer que um estame é uma pétala contraída e que a pétala é um estame no estado de extensão; que uma bráctea é uma folha caulina contraída que se dirige a certo grau de refinamento, e que a folha caulina seja uma bráctea estendida pela imposição de seivas mais brutas.

121. Igualmente se pode dizer do caule que ele seria uma inflorescência e frutificação estendida, assim como já havíamos predicado destes que eles seriam um caule contraído.

122. Além disso, na conclusão da exposição eu ainda trouxe à consideração o desenvolvimento dos *olhos* e, assim, busquei explicar as flores compostas tal como as frutificações nuas.

123. E desse modo eu me esforcei em apresentar tão clara e completamente quanto me foi possível uma opinião que, para mim, é muito persuasiva. Ainda assim, se tal opinião não está completamente evidente, se ainda está exposta a algumas contradições e se a maneira de explicação empreendida talvez não pareça universalmente aplicável, para mim será obrigação ainda maior tomar nota de todas as memórias e, no futuro, dar a essa matéria tratamento mais detalhado e circunstanciado, a fim de tornar mais intuitiva essa maneira de representação e conquistar-lhe uma aprovação mais universal do que, presentemente, ela talvez possa esperar.

O autor compartilha a história dos seus estudos botânicos

A fim de explicar a história das ciências, a fim de bem conhecer o seu curso, é costume tomar notícia cuidadosa de seus primeiros começos; esforça-se por pesquisar quem primeiro voltou sua atenção a certo objeto, como foi sua abordagem, onde e quando primeiramente se levou em consideração de tal maneira certos fenômenos até que de pensamento em pensamento se destacaram novos pontos de vista, que enfim designam, comprovados universalmente em sua aplicação, a época em que veio à luz do dia de maneira indubitável o que chamamos uma descoberta, uma invenção. Eis uma admoestação que oferece a mais variada ocasião para conhecer e estimar as forças espirituais humanas.

Ao pequeno escrito acima foi conferida a honra de se buscar notícia acerca do seu surgimento; desejou-se compreender como um homem de meia-idade, que algo valia como poeta e, além disso, se mostrava compelido por várias inclinações e obrigações, pôde ter se dirigido ao mais ilimitado dos reinos da natureza, estudando-o de tal maneira a ponto de ter podido captar uma máxima, a qual, ao ser aplicada comodamente às figuras mais variadas, exprimia a lei a cuja obediência estão subsumidas milhares de singularidades.

O autor do mencionado opúsculo já deu notícia disso nos seus *Cadernos de morfologia,* contudo, uma vez que na ocasião presente[127] ele gostaria de relatar em detalhe o que é necessário e concernente a esse respeito, toma para si a permissão de abrir na primeira pessoa uma exposição direta.

Nascido e criado numa grande cidade, adquiri a minha primeira educação no trabalho com línguas antigas e modernas, em que se incluíam desde cedo exercícios retóricos e poéticos. Associava-se a isso, ademais, tudo o que faz os seres humanos se voltarem a si próprios em perspectiva ética e religiosa.

Devo igualmente a cidades maiores uma formação ulterior, e disso resulta que a minha atividade espiritual teve de relacionar-se ao que é

ético socialmente e, consequentemente, ao aprazível, que então se chamava beletrística.

Em contrapartida, não tinha nenhum conceito do que se chama propriamente de natureza exterior, tampouco a menor notícia dos seus assim chamados três reinos. Desde criança tinha o costume de ver maravilhado em bem instituídos jardins a floração das tulipas, dos ranúnculos,[128] dos cravos; e se além dos tipos comuns de frutos assomavam também damascos, pêssegos e uvas, isso era suficiente festa a jovens e velhos. Não se pensava em plantas exóticas e muito menos em ensinar história natural na escola.

As primeiras tentativas poéticas que editei foram recebidas com aprovação, mas elas não mais que de fato caracterizam o interior humano e pressupõem notícia satisfatória dos movimentos sentimentais. Aqui e ali se pode talvez encontrar um eco de um deleite passional com objetos da natureza campestre, assim como de um ímpeto sério de conhecer o gigantesco segredo que se dá à luz do dia no contínuo criar e perecer, muito embora esse impulso parecia perder-se num revolver indeterminado, insatisfatório.

Na vida ativa, todavia, assim como na esfera da ciência, adentrei pela primeira vez de fato quando o círculo nobre de Weimar me recebera generosamente, e onde, afora vantagens inestimáveis, fui afortunado pelo prêmio de trocar os ares de câmaras e cidades pela atmosfera do campo, da floresta e do jardim.

Já o primeiro inverno propiciou as alegrias súbitas e sociáveis da caça, de cujo descanso se tinha as longas noites não apenas empenhadas em todo tipo de notáveis aventuras da floresta, mas também, principalmente, em conversa sobre a demanda por madeira. Pois a cultura da caça[129] de Weimar consistia de judiciosos guardas-florestais (*Forstmänner*), entre os quais o nome *Sckell* mantém-se em destaque. Uma revisão do conjunto das áreas silvestres fundada em mensuração já havia sido consumada, e para um longo tempo preestabelecida uma repartição das derrubadas anuais.

Também os jovens da nobreza seguiam benevolentes essa razoável trilha, entre os quais eu nomeio aqui apenas o Barão *von Wedel*, que nos foi tomado infelizmente ainda na flor da idade. Ele cumpria suas funções com reto discernimento e equidade grandiosa; também ele já

havia naquele tempo urgido a redução da caça silvestre, convencido do quão prejudicial, não apenas à agricultura, mas à própria cultura silvestre, seria o seu incentivo.

Aqui se abriu diante de nós a floresta turíngia em toda a sua extensão; pois tínhamos acesso não apenas às belas propriedades do duque, mas também, dadas as boas relações com a vizinhança, ao conjunto dos distritos fronteiriços; também, e sobretudo, a incipiente geologia se esforçava, então em indústria juvenil, a prestar contas do fundamento e do solo sobre o qual essas florestas antiquíssimas estavam assentadas.[130] Coníferas de todos os tipos, de um verde verdadeiro e perfume balsâmico, bosques de faias agradáveis à vista, a bétula média e o arbusto rasteiro e sem nome, cada coisa tinha buscado e conquistado o seu lugar. E podíamos observar e conhecer isso em florestas grandes, largas em milhas, mais ou menos bem constituídas.

Dado que se falava de utilização, era preciso tomar notícia das propriedades dos tipos de árvores. A talhadura da casca das árvores em busca de resina, cujo abuso se tentava mais e mais limitar, permitia a consideração das refinadas secreções balsâmicas que acompanhavam certa árvore bicentenária da raiz até a ponta, nutriam-na, mantinham-na eternamente verde, fresca e vivaz.

Aqui se mostrou também toda a família dos musgos[131] em sua grande multiplicidade; até mesmo as raízes escondidas sob a terra demandaram nossa atenção. Desde os tempos mais remotos estabeleceram-se naquelas regiões destiladores (*Laboranten*), que trabalhavam secretamente buscando receitas e que, de pai para filho, elaboraram muitos tipos de extratos e espíritos, cuja fama geral de excelentes curativos era renovada, ampliada e utilizada pelos assíduos balsamíferos.[132] A *gentiana* tinha nisso um grande papel, e foi um esforço agradável considerar esse rico gênero mais de perto, segundo as suas diferentes figuras enquanto planta e flor, mas especialmente as suas raízes curativas. Esse foi o primeiro gênero que de fato me atraiu e cujas espécies me esforcei por conhecer também na sequência.

Com isso se faz notar que o curso da minha formação botânica se assemelhava em certa medida à história da própria botânica; pois eu ascendia do mais obviamente universal ao útil e aplicável, da necessidade ao conhecimento, e qual será o conhecedor que, em face

do que foi dito acima, não se lembrará sorrindo daquela época dos herboristas?[133]

Dado, porém, que no presente se mantém o propósito de dar notícia de como eu me aproximei da botânica autenticamente científica, tenho sobretudo que levar em conta a memória de um homem que mereceu em todos os sentidos a alta estima dos seus concidadãos weimarianos. O *doutor Buchholz*, proprietário da única farmácia de então, homem de bem e vivaz, dirigia com notória sede de conhecimento às ciências da natureza a sua atividade. Buscava para os seus objetivos imediatamente farmacêuticos os auxiliares químicos mais diligentes, tal como o excelente *Göttling*, que de sua oficina saiu formado na arte da análise química. Cada uma das novas e notáveis descobertas químico-físicas domésticas ou do estrangeiro eram colocadas à prova sob o olhar do diretor e expostas de maneira altruísta a uma sociedade de sedentos por sabedoria.

Posteriormente – isso eu antecipo em sua honra –, quando o mundo das ciências da natureza se ocupava diligentemente em conhecer os diversos tipos de ares,[134] ele não se eximia da tarefa de reproduzir experimentalmente, a cada ocasião, o que era mais novo. Assim, pois, do nosso terraço ele fez subir às alturas, para o deleite dos seus alunos, um dos primeiros *montgolfiéres*,[135] ao passo que a multidão mal se podia conter diante da surpresa, e no ar as pombas fugiam de lá para cá em conjunto, intimidadas.

Neste ponto eu tenho que deparar, todavia, talvez com uma possível objeção, a saber, que eu misturo em minha exposição relações estranhas. Que me seja quanto a isso permitido retrucar que eu não poderia falar contextualmente da minha formação se não me lembrasse de maneira agradecida dos precoces méritos do círculo de Weimar, altamente cultivado para aqueles tempos, onde o gosto e o conhecimento, o saber e a poesia esforçavam-se por atuar em companhia, onde os estudos fundamentados, sérios e a atividade feliz e impetuosa urgiam-se mutuamente de maneira ininterrupta.

Considerado de perto, portanto, o que eu tenho a dizer condiz com o que foi mencionado. Química e botânica alçavam-se à luz do dia, desde as necessidades médicas, de maneira unificada, e tal como o celebrado doutor Buchholz se lançava, desde a sua farmacopeia,[136] à química superior, igualmente, partindo do seu canteiro de ervas, ele caminhava rumo

ao mundo mais amplo das plantas. Em seus jardins não tinha apenas as plantas oficinais, mas para a ciência empreendera o cultivo também de plantas mais raras, recém-conhecidas.

O então jovem regente, que se entregara desde cedo às ciências, direcionou a atividade desse homem à utilidade e ao aprendizado mais universais quando destinou a um estabelecimento botânico grandes áreas jardinadas que recebiam muito sol e avizinhavam-se a lugares úmidos obscurecidos, e em tal projeto logo vieram colaborar com afinco jardineiros mais antigos do paço, bem experientes. Os catálogos ainda existentes de tal instituto testemunham o afinco com que tais começos foram efetivados.

Em tais circunstâncias, fui também obrigado a buscar sempre mais e mais esclarecimento sobre o saber botânico. A *terminologia de Lineu*, os *fundamentos* sobre os quais o edifício artificioso haveria de se sustentar, as *dissertações de Johann Geßner* que serviam à explicação dos *elementos* de Lineu, tudo coligido num pobre caderno, conduziram-me por caminhos e travessias; e ainda hoje esse mesmo caderno lembra-me dos dias frescos e felizes em que aquelas páginas ricas em conteúdo me inauguravam pela primeira vez um novo mundo. A *filosofia da botânica* de Lineu era o meu estudo diário, e assim eu avançava cada vez mais em conhecimento ordenado, na medida em que buscava apropriar-me tanto quanto possível de tudo que pudesse propiciar-me uma circunspecção mais universal acerca desse amplo domínio.

[A maneira como procedi nesse caminho e como uma instrução tão estrangeira atuou sobre mim pode talvez tornar-se mais precisa no curso destas memórias, no entanto, antecipadamente quero admitir que depois de *Shakespeare* e *Espinosa*, a maior influência exercida sobre mim veio de Lineu, precisamente em decorrência da disputa à qual ele me convidava. Pois à medida que eu buscava registrar em mim a sua particularização precisa, espiritualmente rica, as suas leis acertadas, convenientes, mas por vezes também arbitrárias, ocorria em meu interior uma discordância: o que ele com violência tentava manter separado precisaria, segundo a necessidade mais íntima da minha essência, impelir-se rumo à unificação.][137]

Especialmente no que concerne a tudo quanto é científico, trouxe-me vantagem particular a proximidade à academia de Jena, onde a

ocupação com plantas oficinais era tratada com seriedade de diligência desde tempos imemoriais. Os professores *Prätorius*, *Schlegel* e *Rolfink* já haviam conquistado para si mérito considerável no que diz respeito à botânica mais universal. O livro de *Ruppes*, *Flora Jenensis*, que apareceu em 1718, fez época; daí em diante toda a rica região fora inaugurada ao estudo das plantas, que até ali era limitado a um estreito jardim claustral e servia meramente a finalidades médicas, e introduziu-se um livre e pujante estudo da natureza.

Daí em diante, atentos campesinos da região, que já haviam até então prestado serviços para o farmacêutico e o herborista, esforçaram-se de sua parte por colaborar e souberam tomar cada vez maior conhecimento de uma terminologia então recentemente introduzida. Em Ziegenhain,[138] a família *Dietrich* destacara-se particularmente, cujo chefe, mencionado pelo próprio Lineu, podia exibir deste homem altamente honrado um manuscrito autografado, que lhe permitia com justiça sentir-se elevado ao círculo nobre da botânica. Depois de sua morte, seu filho levou adiante os negócios, que consistiam principalmente em propiciar a professores e alunos de todos os lados as assim chamadas lições, a saber, montes das plantas que naquela semana floresciam. Sua atuação jovial estendia-se até Weimar, e assim eu passei a conhecer cada vez mais a rica flora jenense.

O neto, Friedrich Gottlieb *Dietrich*, foi quem, todavia, exerceu uma influência ainda maior no meu aprendizado. Como era um jovem de boa construção, de aspecto regularmente agradável, ele progredia com o frescor da força e do desejo juvenis na tarefa de assenhorear-se do mundo das plantas; sua memória prodigiosa afixava as mais raras nomeações e não lhe falhava em nenhum instante; a sua presença me dizia que de sua essência e ação brilhava um caráter aberto, livre, e assim fui movido a levá-lo comigo numa viagem a Karlsbad.[139]

Sempre a pé nas regiões montanhosas, ele colecionava com perspicácia diligente tudo que florescia e trazia até mim o seu butim, quando possível, no local exato, e até mesmo coche adentro, e como um mensageiro declamava as designações de Lineu, gênero e espécie, com alegre convicção e algumas vezes com entonação falha. Surgia-me, assim, uma nova relação com a livre e bela natureza à medida que meus olhos se deleitavam com suas maravilhas e, simultaneamente, aos meus ouvidos

se impunham designações científicas de cada caso, tal como provindas de uma distante sala de estudos.

Propriamente em Karlsbad, o jovem robusto subia com o nascer do sol os morros e até mesmo nas fontes, antes mesmo que eu tivesse esvaziado o meu copo, trazia-me ricas lições, das quais tomavam parte todos os convivas, particularmente os que eram diligentes nessa bela ciência: todos viam os seus respectivos conhecimentos comovidos da maneira a mais amável quando um menino do campo, de calças-curtas e agradável aparência, vinha adiante mostrando grandes montes de ervas e flores, designando-as todas pelo nome de origem grega, latina, bárbara; um fenômeno que ocasionava muito interesse tanto nos homens quanto nas mulheres.

Se o que foi dito pode ser tomado pelo autêntico cientista talvez como demasiado empírico, eu informo prontamente que justo esse comportamento vivaz nos pôde angariar o favor e o interesse de um homem já mais exercitado nesse campo do saber, um médico judicioso que, acompanhando um rico nobre, pensou em fazer da sua temporada terapêutica de fato útil para finalidades botânicas. Ele logo se tornou nosso companheiro e nos alegramos por podermos acompanhá-lo de perto. Ele selecionava cuidadosamente a maior parte das plantas trazidas bem cedo por Dietrich, anotava então os nomes e observava ainda muita coisa. Disso só me quedavam lucros. Os nomes afixaram-se na memória pela repetição; também na prática da análise alcancei um pouco mais de habilidade, porém sem sucesso significativo; separar e contar não jaziam em minha natureza.

Eis que na grande sociedade houve quem se manifestasse contrário àquele esforço e fadiga diligentes. Algumas vezes, tivemos de ouvir que toda a botânica, cujo estudo seguíamos incansavelmente, não seria mais que uma nomenclatura, um sistema inteiramente baseado em números, incompletamente fundado; que ela não podia agradar ao entendimento, tampouco à imaginação, e que ninguém saberia nela encontrar uma qualquer consequência satisfatória. Sem dar crédito a tal objeção, seguíamos confiantes o nosso caminho, que nos prometia, pois, introduzir-nos sempre de maneira suficientemente profunda no conhecimento das plantas.

Quero ainda notar apenas rapidamente que o curso de vida do jovem Dietrich se manteve à altura daqueles começos; ele caminhou

incansavelmente por essa via e, ao se tornar escritor bastante célebre, foi condecorado com o título de doutor e dirige até hoje com zelo e honra os jardins grão-ducais em Eisenach.

August Carl Batsch, filho de um senhor amado e estimado por todos em Weimar, havia utilizado muito bem o seu tempo de estudante em Jena, aplicando-se zelosamente às ciências da natureza de tal maneira que foi chamado a Köstrich para ordenar e por um tempo dirigir a notável coleção de história natural do conde de Reuss. Retornando a Weimar em seguida, num inverno duro, nocivo às plantas, tive o prazer de conhecê-lo sobre a pista de gelo, que era naquele tempo local de reunião da boa sociedade, e em pouco tempo aprendi a estimar a sua fina determinação e o seu zelo tranquilo; ao nos exercitarmos ao ar livre, conversamos aberta e longamente sobre os mais altos pontos de vista do saber sobre as plantas e sobre os distintos métodos de tratar essa ciência.

A sua maneira de pensar era sumamente adequada aos meus desejos e exigências, a ordenação das plantas segundo famílias, em progresso ascendente a desenvolver-se continuamente, era o centro da sua atenção. Esse método adequado à natureza, ao qual Lineu crédula e desejosamente apontava, no qual se obstinavam teórica e praticamente os botânicos franceses, haveria agora de tornar-se a ocupação de vida de um jovem diligente, e eu estava radiante por tomar parte nisso em primeira mão.[140]

Todavia não foram apenas dois jovens os únicos a instigarem-me, mas também, e de maneira indescritível, um homem destacado e maduro. O conselheiro *Büttner* tinha trazido a sua biblioteca de Göttingen até Jena, e eu, convocado pela confiança do meu duque - que havia tomado sob seu favor, para si e por nós outros, esse tesouro - à tarefa da sua ordenação e exposição, segundo o sentido particular do colecionador que ainda se mantinha como o proprietário, tive então a ocasião de entreter com o senhor Büttner uma troca contínua. Ele, uma biblioteca ambulante, sempre disposto a dar a cada pergunta resposta e esclarecimento elaborados e satisfatórios, entretinha-se preferencialmente sobre botânica.

Ele então não negava, e até mesmo reconhecia de maneira passional, que, sendo contemporâneo de Lineu, engajara-se em competição silenciosa contra esse homem excelente cujo nome se espalhava pelo

mundo inteiro: nunca tinha aceitado o seu sistema e, ao contrário, tinha se esforçado por retrabalhar a ordenação das plantas segundo famílias, prosseguindo desde os inícios mais simples e quase invisíveis até as formações mais compostas e mais gigantescas. Ele mostrava com prazer um esquema escrito de próprio punho graciosamente, no qual os gêneros apareciam em série segundo aquele sentido, o que me servia como grande edificação e apaziguamento.

Refletindo sobre o que foi dito acima, não se desconhecerá as vantagens que a minha situação me garantia no que concerne a tais estudos: grandes jardins, tanto na cidade quanto em castelos de veraneio, aqui e ali, na região, estabelecimentos onde se plantavam, não sem finalidades botânicas, árvores e arbustos, isso somado ao auxílio de um estabelecimento científico sobre a flora local há muito instituído na vizinhança, e ainda à influência de uma academia em contínuo progresso, tudo isso em conjunto dava a um espírito desperto suficiente fomento para visar o mundo das plantas adentro.

À medida que meus conhecimentos e visadas sobre botânica de tal maneira se ampliavam em meio a companhia vivaz, tomei notícia de um solitário amigo das plantas que havia se dedicado com seriedade e diligência a esse campo do saber. Quem não gostaria de seguir o vaguear solitário do sumamente honrado Rousseau quando este, tornado inimigo do gênero humano, passou a direcionar sua atenção ao mundo das plantas e das flores e a familiarizar-se, a partir de força espiritual legítima e reta, com os filhos quietos e excitantes da natureza.

Dos seus anos de juventude não me é conhecido que tenha sobre flores e plantas outras impressões senão as que indicam, de fato, apenas simpatia (*Gesinnung*), inclinação, refinadas recordações; de acordo com as suas asserções decisivas, porém, teria sido apenas depois de uma experiência literária intempestiva, então na Ilha de São Pedro, no Lago de Bienne, que se fizera inteiramente atento a esse domínio da natureza.[141] Em seguida, na Inglaterra, observa-se, ele já se encontrava mais livre e expansivo; sua relação com amigos e conhecedores das plantas, particularmente com a duquesa de Portland, há de ter direcionado mais amplamente o seu olhar preciso, e um espírito como o seu, que se sentia convocado a prescrever leis e ordenação às nações, teve de chegar à seguinte conjectura, portanto: que no domínio imensurável das plantas

uma tão imensa multiplicidade de formas não poderia aparecer sem que uma lei fundamental, mesmo que ainda escondida, trouxesse essa multiplicidade conjuntamente de volta à unidade. Ele submerge nesse domínio, toma-o seriamente para si, sente ser possível um certo curso metódico por meio da totalidade, mas não se julga capaz de seguir nessa direção. Será sempre lucrativo escutar o que ele mesmo declara a esse respeito:

> Para mim, que nesse estudo tal como em muitos outros não sou senão um estudante repetente, herborizando eu preferi distrair-me e entreter-me a me instruir, e não tive de maneira alguma nas minhas observações tardias a ideia absurda de ensinar ao público o que eu mesmo não sabia.
> Eu concedo, porém, que as dificuldades que eu encontrei no estudo das plantas me deram algumas ideias sobre a maneira de facilitá-lo e de torná-lo útil aos outros, seguindo o fio do sistema vegetal por um método mais gradual e menos abstrato que aquele de Tournefort e de todos os seus sucessores, não se excetuando nem mesmo Lineu. Talvez a minha ideia seja impraticável. Falaremos sobre ela, se quiserdes, quando tiver a honra de vos visitar.[142]

Assim escrevia no início do ano de 1770; mas essa ideia não lhe deixou nesse ínterim nenhum descanso; já em agosto de 1771, ele toma para si, em vista de uma ocasião amigável, a obrigação de ensinar a outrem, sim, de lecionar a mulheres aquilo que ele sabe e que vislumbra, não apenas para entretenimento lúdico, mas para introduzi-las fundamentalmente à ciência.[143]

Aqui, pois, foi possível a Rousseau reconduzir o seu saber aos primeiros elementos empiricamente indicáveis; ele apresenta as partes da planta singularmente, ensina a diferenciá-las e a nomeá-las. Tão logo, porém, reconstruiu a flor inteira a partir das suas partes e a nomeou, de um lado tornando-a conhecida pelos nomes triviais, doutro introduzindo a terminologia de Lineu e reconhecendo de maneira honrada todo o seu valor; imediatamente em seguida, então, ele apresenta uma visão de conjunto mais ampla de massas inteiras. Passo a passo ele nos apresenta: as liliáceas,[144] as siliquosas e siliculosas,[145] lamiáceas e escrofulariáceas,[146] as umbelíferas[147] e as compostas[148] por último, e à medida

que por esse caminho[149] torna intuitivas as diferenças, em crescente multiplicidade e delimitação, ele nos conduz, sem se fazer notar, perante uma visão de conjunto completamente satisfatória.[150] Pois, dado que ele tem de discursar a uma mulher,[151] ele sabe como apontar de maneira adequada e bem medida ao uso, aos danos e utilidades, e o faz de maneira tão circunscrita e fácil porque fala apenas daquilo que é próximo, tomando do que está ao redor todos os exemplos para a sua doutrina, e não faz nenhuma referência às plantas exóticas (qualquer que seja a maneira com que são conhecidas e como delas se costuma cuidar).[152]

No ano de 1822 editou-se de maneira muito apropriada, em fólio pequeno sob o título *La Botanique de Rousseau,* uma coleção de escritos por ele elaborados a respeito desses objetos, acompanhados por imagens coloridas que representavam, segundo o excelente *Redouté*, todas aquelas plantas das quais Rousseau tinha falado. Observando-as, nota-se com prazer a maneira intimamente campestre como ele se portara em seus estudos, posto que as únicas plantas que são representadas são aquelas com as quais ele podia se deparar imediatamente em seus passeios.

O seu método: trazer o domínio das plantas ao mais íntimo, inclina-se manifestamente, tal como visto, à repartição segundo famílias; e dado que já naquele tempo eu me dirigia a considerações desse tipo, a sua palestra exercia sobre mim uma impressão ainda maior.

E assim como os jovens estudantes se apoiam o mais preferencialmente em jovens professores, em igual medida o diletante se apraz ao aprender de diletantes. Isso poderia trazer escrúpulos no que concerne à cientificidade, não fosse o fato de que a experiência dá casos em que diletantes muito colaboraram com o bom proveito da ciência. Pois isso é algo completamente natural: os especialistas precisam esforçar-se em busca da completude e, por isso, pesquisar completamente em sua largura o amplo círculo; ao amador, porém, cabe advir por meio do singular e alcançar um ápice do alto do qual lhe suceda uma visão geral, quando não do todo, pelo menos da maior parte.[153]

Dos esforços de Rousseau eu reproduzo aqui apenas que ele comprova ter tido um cuidado muito harmônico com o processo de secagem das plantas e com o estabelecimento dos herbários,[154] e quando algo fracassa, essa perda lhe comove intimamente, mesmo que também quanto a isso, em contradição consigo mesmo, ele não teve nem a adequação,

tampouco o cuidado contínuo, a fim de atentar suficientemente à conservação particularmente no que concerne às suas várias peregrinações; por isso, ele quer considerar o que foi desse modo colecionado sempre apenas como feno.[155]

Se, todavia, por consideração a um amigo, ele trata dos musgos com notável cuidado, aprendemos da maneira mais viva a colaboração que lhe foi ocasionada pelo mundo das plantas; o que se comprova de maneira completa especialmente nos *Fragmentos para um dicionário dos termos em uso na botânica*.[156]

Que isso seja o bastante para indicar de alguma maneira o que devemos a Rousseau naquela época dos nossos estudos.

Tal como Rousseau, livre de qualquer sentimento nacional fixo, se apoiava então na influência progressista de Lineu,[157] de nossa parte caberia bem reparar que terá sido uma grande vantagem, ao imergirmos numa disciplina científica nova, encontrá-la em estado de crise e um homem extraordinário ocupando-se de projetos os mais vantajosos. Éramos jovens com o jovem método, nossos começos depararam com uma nova época e fomos levados na massa dos que pelejaram tal como por um elemento que nos porta e nos conclama.

E assim tornei-me atento ao meu outro contemporâneo, Lineu, à sua visão de conjunto, à sua atividade que se espalhava por tudo. Eu tinha me entregado a ele e à sua doutrina com confiança inteira; não obstante, tive de sentir cada vez mais que muita coisa na indicação do caminho percorrido, quando não conduzia ao erro, impedia o avanço, porém.

Se agora devo com consciência tornar precisos tais estados, então me tomam por um poeta nato que alcança figurar suas palavras, suas expressões, imediatamente nos respectivos objetos, fazendo-lhes jus em alguma medida. Tal poeta deveria ter registrado na memória uma terminologia fixa, deveria ter à mão um certo número de palavras e adjetivos a fim de que soubesse, quando lhe surgisse uma figura qualquer, aplicá-la e ordená-la a uma designação característica, tomando uma escolha bem destinada. Esse tipo de tratamento sempre me pareceu um tipo de mosaico onde se põe uma peça pronta ao lado de outra a fim de se produzir, a partir de milhares de singularidades, a aparência de uma imagem ao final; e assim tal exigência, nesse sentido, era-me em certa medida repulsiva.

Se, por outro lado, eu também vislumbrava a necessidade desse procedimento, que tinha por alvo entender-se por palavras, segundo a concordância universal, a respeito das ocorrências exteriores das plantas, podendo-se abdicar de todos os desenhos vegetais de difícil execução e no mais das vezes inseguros, eu encontrava, porém, na versatilidade dos órgãos, a principal dificuldade concernente à tentativa de aplicação detalhada desse procedimento. Quando descobri no mesmo caule vegetal primeiramente folhas arredondadas, em seguida entalhadas, por fim quase como se tivessem penas, as quais imediatamente se contraíram de novo, simplificaram-se, tornaram-se pequenas escamas e, por fim, desapareceram completamente, nesse momento eu perdi a coragem de bater em qualquer lugar uma estaca, ou mesmo de traçar uma qualquer linha limítrofe.

A tarefa de designar com segurança os gêneros e subordinar-lhes as espécies pareceu-me irresolúvel. Eu bem lia tal como haviam escrito, mas como eu poderia almejar uma determinação acertada, se já durante a época de Lineu muitos gêneros foram separados e divididos e até mesmo classes suspendidas? Disso parecia decorrer que até mesmo o homem mais genial e sagaz teria podido apoderar-se e assenhorar-se da natureza apenas *en gros*.[158] Se a minha admiração por ele, nesse respeito, não tinha perdido o mínimo do seu valor, precisamente por isso um conflito inteiramente idiossincrático teve de surgir, a imaginar-se a indisposição na qual se esgotava em peleja um recruta[159] autodidata.

Eu tive, contudo, de seguir ininterrupto o curso ulterior da minha vida; felizmente, coube à maior parte dessa vida, tanto das obrigações quanto das recreações, reportar-se à natureza livre. Eis que se impunha à intuição imediata, e com violência, a maneira como cada planta busca a sua circunstância, como demanda um estado onde possa aparecer em plenitude e liberdade. A altura das montanhas, a profundeza dos vales, luz, sombra, secura, umidade, fervura, calor, frio, congelamento e como queiram ser chamadas todas as condições!, os gêneros e tipos requerem-nas para lançar-se adiante com força e quantidade completas. De fato, em muitos lugares e em certas ocasiões eles se entregam à natureza, deixam-se fragmentar rumo à variedade, sem, todavia, abdicar completamente do direito herdado à figura e à propriedade. Fui tocado por intuições vagas disso em campo aberto, e nova claridade acerca de jardins e livros pareceu-me despontar no horizonte.

O conhecedor que estivesse disposto a se recolocar no ano de 1786 poderia facilmente formar para si um conceito do estado em que eu me sentia estar aprisionado havia dez anos, embora isso fosse tarefa difícil até mesmo ao psicólogo, posto que nesta exposição haveria que se levar em conta, de fato, o conjunto das minhas obrigações, inclinações, deveres e distrações.

Nesse ponto eu peço que me seja concedida a intromissão de uma observação que capta o todo: que tudo o que desde a juventude estava ao nosso entorno e que, todavia, era conhecido apenas superficialmente e assim permaneceu, tudo isso preserva continuamente para nós algo comum e trivial, que reparamos como subsistindo indiferentemente ao nosso lado, sobre o que nos tornamos, em certa medida, incapazes de pensar. Em contrapartida, aprendemos que novos objetos que se apresentam em notável multiplicidade nos permitem, na medida em que comovem o espírito, a experiência de que somos capazes de um entusiasmo puro; tais objetos apontam a algo superior, cujo alcance bem nos poderia ser permitido. Esse é o lucro mais próprio das viagens, e cada um tira disso proveito suficiente segundo a sua maneira peculiar. O conhecido torna-se novo por referências inesperadas e, conectado a novos objetos, excita a atenção, a meditação e o juízo.[160]

Nesse sentido, o meu direcionamento diante da natureza, particularmente do mundo vegetal, foi energicamente excitado por ocasião de uma passagem rápida sobre os Alpes: o lariço,[161] muito mais frequente do que em outros lugares, as pinhas (um novo aparecimento), chamavam imediatamente a atenção à influência do clima. Outras plantas, alteradas em maior ou menor medida, não passaram despercebidas a despeito do ritmo apressado. Conheci maximamente a plenitude de uma vegetação estranha quando adentrei nos jardins botânicos de Pádua, onde resplandecia magicamente diante de mim um alto e largo muro com as coroas em forma de sino fogo-avermelhado da *Bignonia radicans*. Além disso, aqui eu vi crescer no espaço livre muita árvore rara que apenas em nossas estufas eu tinha visto hibernar. Também aquelas plantas que durante a estação mais rigorosa eram protegidas por uma pequena cobertura contra a geada encontravam-se agora em campo aberto e aproveitavam o sereno benfazejo. Uma palmeira tomou para si toda a minha atenção: por sorte, as primeiras folhas simples

e lanceoladas ainda se encontravam no chão, sua divisão sucessiva incrementou-se até que, enfim, davam-se à vista em perfeita formação as folhas em forma de leque. De uma vagina em forma de espada[162] surgiu, por último, um pequeno ramo com botões, e apareceu como um produto extraordinário, estranho e surpreendente, em nada relacionado com o crescimento anterior.

A meu pedido, o jardineiro seccionou toda a sequência dessas alterações, e eu me carregava com grandes papelões para levar comigo esse achado. Eu ainda as tenho diante de mim tão bem conservadas tal como quando as trouxe, e louvo-as como fetiches que, inteiramente apropriados para excitar e prender a minha atenção, pareciam assegurar-me uma sequência paulatina dos meus esforços.

O caráter alternante das figuras vegetais, que eu havia longamente seguido em seu curso próprio, despertava-me cada vez mais a representação: as formas vegetais ao nosso redor não seriam originariamente determinadas e fixas, ao contrário, em virtude de uma teimosia obstinada, genérica e específica, compartilhariam de uma feliz mobilidade e envergadura para que pudessem submeter-se, conformar-se e se transformar em quaisquer das condições a agir sobre elas na face da Terra.

Nesse ponto entram em questão as diversidades do solo: nutrido profusamente pela umidade dos vales, atrofiado pela secura das alturas, protegido da geada e do calor em qualquer medida ou a ambos meramente entregue de maneira inevitável, o gênero pode alterar-se em tipo, o tipo em variedade e esta, de novo, por outras condições, *ad infinitum*; e a planta mantém-se igualmente fechada no seu domínio se ela se apoia, mesmo proximamente, de um lado e de outro, sobre a rocha dura, sobre a vida mais móbil. As mais distantes umas das outras têm, contudo, um parentesco expresso, deixam-se comparar umas com as outras sem violência.

Como elas se deixam coligir sob um conceito, então se fez para mim cada vez mais claro que essa intuição poderia ser avivada de uma maneira ainda superior: uma exigência que, naquele tempo, pairava-me diante dos olhos sob a forma sensível de uma planta originária suprassensível. Eu perseguia, tal como me surgiam, todas as figuras em suas alterações, e no destino final da minha viagem, na Sicília, ficou completamente claro para mim a *identidade originária* de todas as partes

vegetais, e eu buscava dali em diante seguir essa identidade em todos os lugares e ser por ela de novo tocado.

A partir daí surgiu uma inclinação, uma paixão, que perpassou todos os empreendimentos e ocupações, necessários e arbitrários, da minha viagem de retorno. Quem pode dizer ter experimentado em si o que seja um pensamento abrangente, tenha ele surgido de nós mesmos, tenha sido compartilhado ou inoculado por outrem, precisa reconhecer a natureza do movimento passional que é produzido em nosso espírito, a maneira tal como nos sentimos entusiasmados ao pressagiarmos em conjunto tudo aquilo que na sequência mais e mais se desenvolve e os caminhos para onde o desenvolvido deva seguir adiante. E assim há de me ser concedido que, tomado e impulsionado por tal percepção assim como por uma paixão, eu não tinha outra opção senão dela me ocupar, quando não exclusivamente, pelo menos por todo o resto da vida.

Embora essa inclinação me tivesse tomado da maneira mais íntima, depois do meu retorno a Roma, todavia, não era o caso de se pensar um estudo regular; poesia, arte e antiguidade, todas exigiam-me em certa medida inteiramente, e eu não pude contar em toda vida com dias mais facilmente ocupados de trabalho laborioso e cheio de esforços. Aos especialistas parecerá talvez demasiado ingênuo se narro a maneira como diariamente, num jardim qualquer, em passeios, pequenas caminhadas, apoderavam-se de mim as plantas observadas ao redor. Era-me importante, particularmente no que concerne ao começo da frutificação, observar a maneira como muitas delas, confiadas à terra, surgiam de novo à luz do dia. Assim direcionei a minha atenção à germinação do *cactus opuntia*, que durante o seu crescimento é disforme, e vi com prazer que, de maneira inteiramente inocente, ele se desnudava no aspecto dicotiledôneo em dois finos folíolos, mas que logo, crescendo ulteriormente, desenvolvia a disformia vindoura.

Também com os tegumentos das sementes ocorreu-me algo surpreendente. Eu tinha trazido comigo várias sementes da *acanthus mollis* e as disposto numa caixinha aberta; eis que numa noite aconteceu ter ouvido um estalo e logo em seguida como que o pipocar de pequenos corpos no teto e nas paredes. Não esclareci o ocorrido imediatamente, mas, em seguida, encontrei rompidas as cascas e as sementes dispersas

ao redor. A secura do quarto tinha consumado a maturação, levando-a a tal ponto de elasticidade em poucos dias.

Entre as muitas sementes que eu observava dessa maneira, algumas é preciso ainda mencionar, posto que, segundo a minha imaginação, tinham procriado por curto ou longo período na Roma Antiga. Os pinhões abriam-se de maneira notável, vinham afora como que fechados num ovo, mas logo descartavam esse capuz e mostravam numa coroa de pontas verdes já os começos de sua determinação vindoura. Antes da minha partida, eu plantara a muda já em certa medida crescida de uma árvore vindoura no jardim da madame *Angelika*, onde ela cresceu por muitos anos até uma altura impressionante. Viajantes que a avistaram noticiavam-me a seu respeito, gerando agrado recíproco. Infelizmente, depois do falecimento da madame Angelika, o novo proprietário achou estranho ver no seu canteiro de flores, totalmente despropositado, um pinheiro crescido, e fez com que o cortassem.

Mais sorte tiveram umas mudas de tamareiras que eu cultivara desde as sementes e das quais eu tinha observado o desenvolvimento em geral e em vários exemplares. Repassei-as a um amigo romano que as plantou num jardim, onde ainda crescem, como um viajante insigne me fez o obséquio de assegurar. Elas cresceram até a altura de um homem. Que elas não se tornem desagradáveis ao proprietário e possam adiante crescer e prosperar.

Se até aqui considerei a reprodução por sementes, eu não estava menos atento à reprodução por olhos, precisamente mediante o conselheiro *Reiffenstein*, o qual, cortando em qualquer caminhada aqui e ali um ramo, afirmava no limite do pedantismo que, postos na terra, tinham todos que crescer imediatamente. Como prova decisiva, ele mostrava no seu jardim tais brotos bem firmados. E como não terá se tornado significativa na sequência, para a jardinagem botânico-mercantil, tal forma de multiplicação universalmente buscada! – que eu desejava ele pudesse ter acompanhado em vida.

O mais surpreendente para mim, contudo, foi um ramo de cravo na forma de arbusto que tinha se elevado bastante. É conhecida a força de vida e de multiplicação dessa planta; nos seus ramos, olho tinha sido impelido sobre olhos, botão se impregnado sobre botão; isso intensificara-se com o tempo e os olhos, a partir de confluência

indiscernível, foram forçados ao mais elevado desenvolvimento possível, de modo que a flor consumada produzia de novo do seu seio quatro flores perfeitas.

Não vendo diante de mim nenhum meio para a conservação dessa figura surpreendente, coloquei-me a desenhá-la detalhadamente, e assim eu alcancei visar sempre mais adentro do conceito fundamental da metamorfose. Apenas que a dispersão, dada a tantas obrigações, se fez cada vez mais prejudicial, e a minha estadia em Roma, cujo fim eu já previa, tornara-se cada vez mais dolorida e onerosa.

Na viagem de retorno eu percorria ininterruptamente esse pensamento, ordenava em reflexão silenciosa uma exposição satisfatória dessas minhas visões, a qual escrevi logo depois do meu retorno e fiz imprimir. Ela veio à luz em 1790 e eu tinha a intenção de dar-lhe sequência mediante uma explicação ulterior contendo as imagens requeridas. A sequência extasiante da vida, contudo, interrompeu e prejudicou as minhas boas intenções, de modo que eu tenho, pois, a respeito da presente ocasião da reimpressão daquela tentativa, tanto mais com que me contentar, posto que ela exige de mim repensar certos momentos dos quarenta anos de participação nesses belos estudos.

Depois de eu ter tentado até aqui dar à intuição, na medida do possível, a maneira como procedi nos estudos botânicos aos quais eu fui direcionado, impelido, obrigado e, também por inclinação, nos quais eu me fixei, aos quais dediquei uma parte significativa dos meus dias, poderia ser o caso de que um leitor em todo caso benevolente me repreendesse: que eu tenha me demorado demasiado e longamente em minúcias e fatos da pessoalidade singular; por isso, eu desejo agora esclarecer aqui que isso aconteceu propositadamente e com muita previsão, e desejo fazê-lo a fim de que me seja permitido, depois de tantas particularidades, abordar algo universal.

Desde mais de meio século eu sou conhecido, na pátria e também no exterior, como poeta, e em geral permitem-me que eu valha como um tal; que eu tenha, todavia, com ainda maior atenção me dedicado diligentemente à natureza em seus fenômenos universais, físicos e orgânicos, que eu tenha perseguido silenciosamente, de maneira contínua e passional, observações seriamente arranjadas, isso não é tão universalmente conhecido e muito menos foi considerado com atenção.

Agora, pois, que o meu experimento publicado em língua alemã há quarenta anos – como se há de representar de maneira espiritualmente rica as *leis da formação vegetativa* – tornou-se mais bem conhecido particularmente na Suíça e na França; neste ponto seria possível surpreender-se infinitamente com a maneira como poderia um poeta, que comumente se ocupa dos fenômenos concernentes ao sentimento e à imaginação, desviar-se por um instante do seu caminho e, em sobreposição fugidia, ter alcançado uma descoberta tão significativa.

Foi propriamente para combater esse preconceito que eu preparei a presente exposição; ela deve dar à intuição: como eu encontrei a ocasião de aplicar com inclinação e paixão uma grande parte da minha vida nos estudos sobre a natureza.

Não foi, pois, mediante uma dádiva extraordinária do espírito, tampouco por uma inspiração momentânea, muito menos de maneira imediata e de uma só vez; mas foi mediante um esforço contínuo que eu enfim alcancei um resultado tão animador.

De fato eu teria podido quietamente me deleitar e me vangloriar com alta honraria que se quis prestar à minha sagacidade; uma vez, porém, que ao seguir o esforço científico é quase tão danoso obedecer exclusivamente à experiência quanto obedecer incondicionalmente à ideia, eu tomei como minha responsabilidade expor, aos pesquisadores sérios, e de maneira historicamente certificável, todo o ocorrido tal como ele se deu para mim.

Apêndice
O experimento como mediador entre objeto e sujeito[163]

Tão logo o ser humano se faz atento aos objetos em seu entorno, considera-os com relação a si mesmo – e o faz com direito. Pois todo o seu destino depende de que os objetos lhe sejam aprazíveis ou desprezíveis, atraentes ou repulsivos, úteis ou danosos. Essa maneira inteiramente natural de ver e julgar as coisas parece ser tão fácil quanto necessária, porém, em virtude dela, o ser humano foi exposto a milhares de erros, que frequentemente o envergonham e tornam-lhe amarga a vida.

Um emprego muito mais pesado assumem aqueles que, inflamados pelo impulso pelo conhecimento, se esforçam por observar os objetos da natureza em si mesmos e em suas relações entre si, pois, de um lado, perdem a escala que lhes servia de auxílio, quando, como humanos, consideravam as coisas com respeito a si. Precisamente a escala do agrado e do desagrado, da atração e da repulsão, da utilidade e do prejuízo; eles têm de abdicar integralmente dessa escala, devem buscar e pesquisar, como seres indiferentes e quase divinos, o que é, não o que convém. Assim, nem a beleza nem a utilidade de uma planta deve comover o autêntico botânico; ele deve pesquisar a sua formação, a sua afinidade com os demais domínios vegetais; e como todas elas são animadas e iluminadas pelo sol, o pesquisador deve vê-las e supervisioná-las todas com uma mirada igualmente fixa, e a escala para tal conhecimento, as informações do julgamento, deve tomá-las não de si próprio, mas do círculo das coisas que observa.

O quão difícil seja ao ser humano tal alienação, isso nos ensina a história das ciências. O modo como o ser humano, assim, faz e precisa fazer uso de hipóteses, teorias, sistemas e tudo quanto mais pode haver de tipos de representação mediante as quais buscamos conceituar o infinito, isso nos ocupará na segunda seção deste pequeno artigo. Sua primeira

seção eu dedico à consideração de como o ser humano procede quando se esforça por conhecer as forças da natureza. A história da física, que agora tenho bons motivos para estudar em maior detalhe, dá-me frequentemente a ocasião de pensar sobre esses assuntos, e assim surge esta pequena exposição, onde tento tornar para mim universalmente presente de que maneira homens de mérito foram úteis e prejudicaram a doutrina da natureza. Tão logo consideramos um objeto com respeito a si mesmo e em relação a outros, quando não imediatamente o desejamos ou detestamos, poderemos, com uma atenção fixa, em pouco tempo fazer dele, de suas partes e relações, um conceito razoavelmente distinto. Quanto mais continuamos essas considerações, quanto mais conectamos entre si os objetos, tanto mais praticamos o dom da observação que há em nós. Se soubermos referir a nós mesmos esses conhecimentos mediante ações, então mereceremos ser chamados de argutos. Para qualquer ser humano bem organizado, que ou é naturalmente comedido, ou constrangido comedidamente pelas circunstâncias, a argúcia não é uma coisa onerosa: pois a vida nos acerta o passo em cada caso. Contudo, se o observador deve aplicar precisamente essa fina faculdade de julgar à comprovação de relações secretas da natureza, se, num mundo em que está quase solitário, ele deve estar atento aos próprios passos e tratos, se deve se proteger de toda antecipação e ter sempre à vista a sua finalidade, sem, todavia, deixar-se levar despercebidamente pelo caminho de uma qualquer circunstância útil ou danosa, se, precisamente lá onde não pode ser facilmente controlado por ninguém, ele deve ser o seu próprio e mais rigoroso observador e estar sempre desconfiado de si mesmo em seus esforços mais diligentes: qualquer um pode ver, portanto, quão rígidas são essas exigências e quão pouco se pode esperar vê-las completamente satisfeitas, sejam impostas a outrem ou a si próprio. Porém, tais dificuldades, e podemos dizer: tal hipotética impossibilidade não pode nos impedir de fazer o possível, e pelo menos faremos o melhor se buscarmos tornar universalmente presentes os meios pelos quais pessoas de destaque souberam ampliar as ciências, se bem apontarmos os desvios nos quais se enganaram e nos quais, muitas vezes, por séculos, os seguiram um grande número de discípulos, até que experiências mais tardias introduziram de novo os observadores no caminho correto.

Que a experiência tenha e deva ter a maior influência em tudo o que o ser humano empreende, portanto também na doutrina da natureza, da qual exclusivamente eu trato no presente, isso ninguém irá negar,

mas tampouco se irá deixar de reconhecer às forças anímicas, nas quais essas experiências são apreendidas, colecionadas, ordenadas e elaboradas, sua força elevada e, como que independentemente, criadora. Apenas que não pode ser nem conhecida, tampouco reconhecida assim tão universalmente a maneira como essas experiências hão de ser feitas e utilizadas, assim como a maneira com que temos de elaborar e fazer uso das nossas forças.

Tão logo pessoas perspicazes – e dessas há, num uso bem medido da palavra, muito mais do que se pensa – tornam-se atentas aos objetos, percebe-se que são tão inclinadas quanto destinadas a observações. Eu pude notar isso frequentemente desde que trato com diligência da doutrina da luz e das cores e, tal como costuma ocorrer, desde que converso sobre isso que a mim tanto interessa também com pessoas a quem tais considerações não são menos que estranhas. Tão logo sua atenção era apenas excitada, notavam fenômenos que eu em parte não conhecia, em parte deixara de lado, e com isso muito frequentemente corrigiam uma ideia apreendida demasiado apressadamente; sim, davam-me ocasião de perfazer mais rapidamente umas etapas e escapar à delimitação na qual muitas vezes uma investigação trabalhosa nos mantém prisioneiros.

Também aqui, pois, vale o que é o caso acerca de tantos outros empreendimentos humanos, que o interesse de muitos direcionado a um ponto é capaz de produzir algo excelente. Aqui se torna manifesto que a inveja, a qual bem gostaria de excluir os outros da glória de uma descoberta, e que o desejo desmedido de tratar e trabalhar apenas à sua maneira algo descoberto são os maiores obstáculos para o próprio pesquisador.

Até aqui eu me senti demasiado à vontade acerca do método de trabalhar com muitos outros para que não devesse continuá-lo. Eu sei perfeitamente a quem no meu caminho devo isto ou aquilo, e há de ser para mim uma alegria noticiá-lo publicamente no futuro.

Se pessoas meramente atentas à natureza nos podem ser tão úteis, quão mais universais não serão as utilidades quando indivíduos cultivados trabalharem de mãos dadas entre si! Uma ciência já é em si e para si mesma uma massa tão imensa que porta muitos indivíduos, embora nenhum possa portá-la sozinho. Pode-se notar que os conhecimentos,

tal como água represada, porém vivente, paulatinamente se elevam até um certo nível em que as mais belas descobertas são feitas não tanto pelos indivíduos, mas pelo próprio tempo, tal como coisas muito importantes foram feitas ao mesmo tempo por dois ou mais pensadores instruídos. Assim, se acima devíamos tanto à sociedade e aos amigos, agora devemos ao mundo e ao século, e em geral não podemos reconhecer o bastante o quão necessário é o compartilhamento, o auxílio, a rememoração e a contradição para nos mantermos no caminho correto e seguir adiante.

Nas coisas científicas, portanto, há de se proceder da maneira diretamente inversa ao que se tem de fazer a respeito das obras de arte. Pois um artista faz bem em não deixar ver publicamente sua obra de arte antes de tê-la terminado, pois não seria fácil alguém aconselhar ou prestar auxílio; se, por outro lado, está terminada, então ele tem imediatamente que ponderar e tomar seriamente a repreensão ou o elogio, unificar isso com sua experiência e por meio disso elaborar-se e preparar-se para uma nova obra. Nas coisas científicas, ao contrário, é bem útil compartilhar publicamente cada experiência singular e até mesmo cada opinião. Sim, é altamente aconselhável não construir um edifício científico antes que o plano e os materiais sejam universalmente conhecidos, julgados e selecionados.

Agora me direciono a um ponto que merece toda a atenção: o método com que se trabalhar da maneira mais vantajosa e segura.

Quando propositadamente repetimos as experiências que foram feitas diante de nós, que fizemos sozinhos ou que outros fizeram simultaneamente conosco, e apresentamos, mais uma vez, os fenômenos que surgem ora arbitrariamente, ora artificialmente, a isso chamamos um experimento.[164]

O valor de um experimento, seja ele simples ou composto, consiste, sobretudo, em que ele possa, sob certas condições, com um aparato conhecido e com a habilidade exigida, ser a qualquer hora reproduzido sempre que as circunstâncias condicionantes se acharem reunidas. Com justiça, o entendimento humano nos surpreende quando consideramos, mesmo que apenas superficialmente, as combinações que ele próprio fez e as máquinas que foram – pode-se dizer, são, todos os dias – inventadas para essa finalidade.

Embora um experimento considerado singularmente possa ser muito estimado, ele mantém o seu valor apenas mediante a unificação e ligação com outros. Mas unificar e conectar mesmo dois experimentos que têm algumas semelhanças entre si demanda mais rigor e atenção do que os observadores mais acurados exigiram frequentemente de si. Dois fenômenos podem ser afins um com o outro, mas nem de longe tão intimamente quanto acreditamos. Dois experimentos podem parecer derivar-se um do outro, mesmo que devesse haver entre eles uma grande série, a fim de os dispor numa ligação corretamente natural.

Não se pode, portanto, estar bastante precavido para que não se deduza dos experimentos muito rapidamente, para que não se queira demonstrar algo imediatamente dos experimentos, tampouco confirmar uma qualquer teoria por experimentos; pois é aqui neste portal, na passagem da experiência ao juízo, do conhecimento à aplicação, onde todos os inimigos interiores do ser humano lhe armam cilada, na imaginação, que já com suas asas eleva-o às alturas quando ele acredita ainda sempre tocar o chão, na impaciência, precipitação, autocomplacência, rigidez, forma de pensamento, preconceito, conveniência, leviandade, inconsistência e, tal como se queira chamar, o rebanho inteiro e sua procissão, todas essas coisas jazem aqui na coxia e, sem se darem à vista, dominam tanto o observador agente quanto o quieto, que parecem estar seguros de todas as paixões.

Para alertar contra esse perigo, que é maior e mais próximo do que se pensa, eu gostaria de expor aqui um tipo de paradoxo, a fim de conclamar uma atenção mais vivaz. Ouso afirmar o seguinte: que um experimento e mesmo vários em conexão não demonstram nada, de fato, que nada é mais perigoso do que querer demonstrar imediatamente por experimentos uma proposição qualquer, e que os maiores erros surgiram porque não se percebeu o perigo e a deficiência desse método. É preciso que eu me explique em termos distintos para não incorrer na suspeita de que queira abrir à dúvida porta e janela. Cada experiência singular que fazemos, cada experimento singular mediante o qual a repetimos, é, de fato, uma parte isolada do nosso conhecer, e, mediante a repetição mais frequente, trazemos esse conhecimento isolado à certeza. Pode ocorrer que nos relatem duas experiências feitas na mesma disciplina, elas podem ser proximamente aparentadas, porém podem muito mais

(apenas) parecer sê-lo, e no mais das vezes somos inclinados a tomá-las por mais proximamente aparentadas do que de fato são. Isso é conforme à natureza do ser humano, a história do entendimento humano nos mostra mil exemplos, e em mim mesmo eu notei que cometo essa falha quase diariamente.

Essa falha tem afinidade com outra, da qual, no mais das vezes, surge. O ser humano se contenta mais com a representação do que com a coisa, ou, antes, precisamos dizê-lo: o homem apenas se contenta com uma coisa na medida em que a representa, ela tem de adequar-se à forma do seu sentido,[165] e ele pode elevar o tanto quanto queira acima da comum a sua forma de representação, pode purificá-la o tanto quanto queira, ainda assim ela permanece comumente apenas uma forma de representação; isso significa a tentativa de reunir muitos objetos numa certa relação palpável, a qual, tomada a rigor, lhes falta reciprocamente, daí a inclinação às hipóteses, teorias, terminologias e sistemas, que não podemos subestimar porque têm de surgir necessariamente da organização de nossa essência.

Se, de um lado, deve-se ver cada experiência singular, cada experimento singular, como isolado, por outro lado, a força do espírito humano busca unificar com uma violência gigantesca tudo que está fora dela e que recai sob seu conhecimento, daí é possível mirar facilmente adentro do perigo no qual se incorre quando se quer ligar a uma ideia apreendida uma experiência singular, ou quando se quer demonstrar por experimentos singulares qualquer relação que não seja inteiramente sensível, mas que já tenha sido enunciada pela força formadora do espírito.

Mediante tal esforço surgem teorias e sistemas que honram o critério apurado do autor, mas quando encontram mais aprovação do que é justificado, quando se mantêm por mais tempo do que é de direito, imediatamente se tornam de novo repressoras e prejudiciais ao progresso do espírito humano que elas mesmas, em certo sentido, requerem.

Pode-se notar que uma boa cabeça emprega tanto mais arte quanto menos informações lhe estão disponíveis; que ela, como que para mostrar a sua maestria, escolhe das disponíveis apenas poucas favoritas que lhe prestem lisonjas, que ela sabe ordenar de tal maneira as restantes a fim de que não alcancem contradizê-la inteiramente, e que sabe afinal a tal ponto torcer as adversas, girá-las e retirá-las do caminho, que de

fato o todo doravante não mais parece uma república que age livremente, mas um paço despótico.

A um homem que tem certo valor não há de faltar admiradores e discípulos que aprendem a conhecer historicamente e admiram tal tecido e, na medida do possível, se apropriam da forma de representação do seu mestre. Às vezes, essa doutrina alcança a tal ponto a preponderância que seria considerado inocente e descuidado aquele que ousasse dela duvidar. Apenas os séculos mais tardios teriam a audácia de atentar contra tal santidade, de reivindicar ao senso humano comum o objeto de uma consideração, tomar a coisa um tanto quanto mais levemente e repetir, acerca de um fundador de um séquito, o que um espírito brincalhão disse sobre um grande doutrinador da natureza: que teria sido um grande homem se não tivesse descoberto tanto.

Talvez não seja suficiente anunciar o perigo e alertar a seu respeito. É justo que alguém pelo menos torne pública a sua opinião e dê a conhecer o modo como acredita evitar tal descaminho, ou se já se achou a maneira como outro antes de nós já o tenha evitado.

Disse anteriormente que considero prejudicial a aplicação imediata de um experimento para a demonstração de uma qualquer hipótese, e por meio disso dei a conhecer que considero útil uma aplicação mediada do mesmo experimento, e posto que tudo conflui para esse ponto, é necessário explicar-se em termos mais distintos.

Na natureza vivente não ocorre nada que não esteja numa ligação com o todo, e quando as experiências nos aparecem apenas isoladas, quando temos que ver os experimentos apenas como fatos isolados, por meio disso não está dito que sejam isolados, trata-se apenas da questão: como encontramos a ligação desses fenômenos, dessa ocorrência?

Vimos anteriormente que estavam em primeiro lugar subjugados ao erro aqueles que buscavam ligar imediatamente um fato isolado à sua faculdade de pensar e julgar. Ao contrário, encontraremos que aqueles que mais alcançaram são os que não se desviaram da tarefa de investigar e trabalhar até o final uma única experiência, um único experimento, segundo todas as possibilidades, todos os lados e modificações.

Como o entendimento poderia auxiliar-nos nesse caminho, isso merece no futuro uma consideração própria. Que seja dito aqui apenas isto: dado que tudo na natureza, mas particularmente as forças e os elementos

mais comuns, estão numa eterna atuação e contra-atuação, pode-se dizer de um fenômeno qualquer que ele esteja ligado a incontáveis outros, tal como dizemos de um ponto de luz que paira livremente que ele envia seus raios para todos os lados. Se captamos então tal experimento, se fizemos então tal experiência, não podemos investigar o bastante cuidadosamente o que de imediato nele se delimita, o que em primeiro lugar dele se deriva, e sobre isso temos mais o que dizer do que sobre o que a ele se refere. A variação de qualquer experimento singular é, portanto, a autêntica obrigação de um pesquisador da natureza. Ele tem precisamente a obrigação inversa do escritor, que deseja entreter. Este irá gerar tédio se não deixar nada sobre o que pensar; aquele precisa trabalhar incansavelmente tal como se não quisesse deixar a seus seguidores mais o que fazer, mesmo que a desproporção de nosso entendimento da natureza das coisas venha logo nos lembrar, e em bom tempo, que nenhum ser humano terá capacidade o bastante para concluir uma coisa qualquer.

Eu busquei, nas primeiras duas partes das minhas contribuições ópticas, arranjar uma tal série de experimentos que são sobretudo limítrofes uns aos outros e que se tocam imediatamente; sim, quando se bem os conhece e se vê todos em conjunto, que constituem quase apenas Um experimento, que apresentam apenas Uma experiência sob os pontos de vista mais variados.

Tal experiência, que consiste de muitas outras, é manifestamente de um tipo superior. Ela põe à vista a fórmula sob a qual incontáveis exemplos singulares de cálculo podem ser expressos. Dar-se ao trabalho com tais experiências do tipo superior, isso eu considero a obrigação do pesquisador da natureza, e nesse sentido aponta-nos o exemplo dos homens mais excelentes que trabalharam nessa especialidade, e dos matemáticos temos que aprender a prudência de apenas ordenar próximo com próximo, ou antes de fazer seguir o próximo do próximo, e precisamos, mesmo lá onde não intentamos nenhum cálculo, dispor-nos sempre ao trabalho tal como se fôssemos obrigados a prestar contas ao mais rigoroso geômetra.

Pois, de fato, é o método matemático que, em virtude da sua prudência e pureza, torna manifestos quase todos os saltos na asserção, e suas demonstrações são, de fato, apenas exibições circunstanciais de que aquilo que é trazido à tona em ligação já estava aí em suas partes simples

e em sua sequência completa, já tinha sido fiscalizado em sua completa abrangência e correta e inalteravelmente descoberto sob todas as condições. Com isso, suas demonstrações são muito mais explicações, recapitulações, do que argumentos. Dado que eu traço aqui essa diferença, que me seja permitido retornar um passo atrás.

Dá-se à vista a grande diferença entre uma demonstração matemática, que percorre os primeiros elementos por meio de umas tantas ligações, e a prova que um orador esperto poderia conduzir mediante argumentos. Os argumentos podem conter relações completamente isoladas e, ainda, podem ser reconduzidos por meio de chiste e imaginação a um ponto único, e a aparência de uma justiça, de uma injustiça, de um verdadeiro e de um falso é trazida à tona de maneira suficientemente surpreendente. Igualmente, pode-se pôr em conjunto os experimentos singulares em favor de uma hipótese ou teoria, e pode-se conduzir uma prova que mais ou menos ofusca.

Contrariamente, a quem cabe ir ao trabalho consigo e com os outros de maneira honesta, este buscará organizar as experiências do tipo superior por meio da mais cuidadosa elaboração dos experimentos singulares. Estas podem ser enunciadas mediante proposições curtas e apreensíveis, deixam-se dispor umas ao lado das outras, e quanto mais se lhes dá forma, mais podem ser ordenadas e de tal maneira trazidas numa certa relação, que se mantém inabalavelmente, seja singularmente ou tomadas em conjunto, tão bem como proposições matemáticas. Os elementos dessas experiências de tipo superior, que são muitos experimentos singulares, podem então ser investigados e testados por qualquer um e não é difícil julgar se as muitas partes singulares podem ser enunciadas por uma proposição universal, posto que aqui não se encontra arbítrio nenhum.

Acerca do outro método, porém, no qual queremos provar qualquer coisa que afirmamos mediante experimentos isolados, tal como por argumentos, nele o juízo será, no mais das vezes, não mais que sub-reptício, se já não se encontra apenas duvidosamente de pé. Entretanto, se se colecionou uma série de experiências do tipo superior, então que venham nelas se exercitar o tanto quanto queiram o entendimento, a imaginação, o chiste. Isso não será prejudicial, mas, de fato, útil. Aquele primeiro trabalho não pode ser tomado de maneira suficientemente cuidadosa,

diligente, rigorosa, até pedante; pois é empreendido para o mundo e a posteridade. Mas esses materiais precisam ser ordenados e dispostos em séries, não podem ser postos em conjunto de uma maneira hipotética, não podem ser utilizados para uma forma sistemática. Em vista disso, que esteja livre a cada um poder conectá-las à sua maneira e daí formar um todo que seja mais ou menos adequado e agradável à forma em geral da representação humana. Dessa maneira será diferenciado o que há de ser diferenciado, e será possível tornar mais numerosa a coleção de experiências, e de maneira muito mais rápida e pura do que quando se faz preciso deixar de lado, como inúteis, os experimentos mais antigos, tal como pedras que são de longe trazidas depois de terminada construção.

A opinião dos homens mais excelentes e o seu exemplo me permitem esperar que eu esteja no caminho correto, e eu desejo que com essa explicação os meus amigos possam estar satisfeitos, esses que perguntam frequentemente: qual seria de fato o meu propósito a respeito dos meus esforços ópticos? O meu propósito é: colecionar todas as experiências nessa especialidade, instalar eu mesmo todos os experimentos e percorrê-los todos ao longo da sua grande multiplicidade, para que não sejam dificilmente iteráveis, tampouco subtraídos aos horizontes de tantas pessoas. Apresentarei, então, as proposições nas quais as experiências do gênero superior se deixam enunciar e estarei à sua espera, já que elas também se arranjam sob um princípio superior. Caso ainda a imaginação e o chiste venham muita vez se antecipar, então a forma do procedimento ela mesma dará a escala do ponto em direção ao qual terão de retornar.

D. 28 de abril de 1792

Notas

1. Cassirer dedica a primeira parte de sua *Filosofia das formas simbólicas,* cujos três volumes vieram à tona a partir de 1923, à tarefa da refutação do ponto de vista herderiano sobre a linguagem e os símbolos com base nas contribuições de Wilhelm von Humboldt e de antropólogos e filólogos posteriores, posto que estas, deveras mais elaboradas diante do esboço inicial herderiano, também se adequavam com mais facilidade ao quadro de pensamento kantiano, que ali era o caso reatualizar. Heidegger compartilha de um propósito semelhante, pelo menos no que diz respeito a declarar como superada a formulação herderiana, como se pode observar no curso de 1939: *Sobre a essência da língua, a metafísica da língua e a permanência da palavra: sobre o tratado de Herder "Sobre a origem da língua".* Tais diagnósticos críticos reatualizaram durante boa parte do século XX o esquecimento a que foram relegados os textos de Herder desde as primeiras décadas do século anterior, de modo que apenas a partir das décadas de 1970 e 1980 é que se foi preparar uma edição filológico-crítica de suas obras, o que deu ocasião a uma *Herder-Renaissance,* ampla e profunda redescoberta da pertinência de seus textos.

2. Herder se baseia, dentre outros, na historiografia do célebre jurisconsulto Justus Möser, que, em 1768, havia elaborado uma história alemã concentrando-se nos processos de desapropriação de camponeses e comerciantes ocasionados pelas disputas políticas principescas, e igualmente num texto de Goethe sobre a arquitetura gótica, que buscava reconstituir via análise de obras arquitetônicas significativas do período alguns traços espirituais da época. Cf. o panfleto em que Herder editou textos de sua própria pena somados a contribuições de Goethe, Möser e Frisi: *Von Deutscher Art und Kunst, einige fliegende Blätter,* Hamburgo, 1773.

3. De que dão testemunho os opúsculos kantianos: A falsa sutileza das quatro figuras silogísticas (1762), O único fundamento de prova para uma demonstração da existência de Deus (1763), Tentativa de introduzir o conceito das grandezas negativas na filosofia (1763), Sobre a precisão dos princípios da teologia natural e da moral (1764), Considerações sobre o sentimento do belo e do sublime (1764). Tratava essa disputa dos rumos da filosofia alemã depois da derrocada do sistema filosófico de Christian Wolff e da onda "materialista" que tomava o pensamento europeu de arroubo ao meio-dia do século XVIII.

4. Proteu: divindade mitológica grega, filho de Tétis e Poseidon, pastor dos rebanhos marinhos capaz de se materializar em diversas figuras.

5. Cujos epígonos seriam o jovem Schelling, Lorenz Oken, Dietrich Georg von Kieser e, num certo sentido, também Gottfried Reinhold Treviranus.

6. Se, de um lado, Cassirer auxiliou na expansão do esquecimento a respeito da filosofia de Herder, por outro, trabalhou incansavelmente para que às contribuições científicas de Goethe se prestasse a merecida homenagem. No entanto, está claro que o seu Goethe sem Herder pretende servir unicamente à aproximação de Goethe a Kant – orientação fundamental a guiar a obra de P. Lacoste, por exemplo. De fato, convocado por Friedrich Schiller, Goethe se dedicou

nos primeiros anos da década de 1790 ao estudo da *Crítica da razão pura* e da *Crítica da faculdade de julgar*, e data dessa época a sua atuação institucional para que a Universidade de Jena pudesse contar com renomados "kantianos" como Karl Leonhard Reinhold, Johann Gottlieb Fichte e Schelling. Ainda assim, uma aproximação teórica como a que pretendeu Cassirer só pode ter lugar em virtude de um enquadramento bastante restrito e injustamente seletivo do contexto onde se insere a atuação científica goetheana.

7. A edição crítica dos escritos de ciência da natureza de Goethe compreendeu um período de quase 70 anos, de 1947 a 2014, e está constituída de trinta grossos volumes. Além dos textos mencionados, cabe notar os seis cadernos da revista *Sobre a ciência da natureza em geral, particularmente sobre morfologia*, editada por Goethe de 1817 a 1824, em que vários de seus textos mais antigos foram publicados, além de cartas de outros pesquisadores, oferecendo um vasto espectro de sua atuação científica.

8. Esta é a dedicatória com que Goethe abre o primeiro volume da revista científica que publicou de 1817 a 1824, seus *Cadernos sobre ciência da natureza e morfologia em particular* (cf. a nota seguinte). Goethe cita o texto bíblico segundo a tradução de Lutero: *Siehe er geht vor mir über /ehe ich's gewahr werde, / und verwandelt sich / ehe ich's merke*. Vale a pena mencionar que há uma leve divergência ante o texto da Vulgata, que serve de base para as traduções mais correntes em português: *si venerit ad me non videbo si abierit non intellegam eum* ("se vier até mim, não o verei, se for embora, não o perceberei"). Essa divergência se mostra sobretudo interessante por nela se destacar o verbo "transformar-se" (*verwandelt sich*), sabidamente o processo fundamental da morfologia, isto é, a doutrina da transformação das formas.

9. A escrita desse texto, assim como dos próximos dois a seguir, data de 1806-1807, época em que Goethe planejou publicar suas *Ideias sobre a formação orgânica* (*Ideen über organische Bildung* – cf. o aparato crítico de Erich Trunz: *Werke*, XIII, p. 578), um projeto de propedêutica geral à morfologia que viria à tona já 17 anos depois da *Metamorfose das plantas* (1790). Mas tal projeto teve de adiar-se ainda por mais uma década, cedendo espaço, por exemplo, e para mencionar apenas outras obras de conteúdo científico, ao romance *As afinidades eletivas* (1809) – também incontornavelmente conexo à questão morfológica – e à *magnum opus* científica goetheana, a *Doutrina das cores* (1810). Só no período de 1817 a 1824 é que Goethe alcançou publicar tais textos de sua propedêutica morfológica em geral, e vários outros, em seis parcelas espaçadas na forma da revista: *Sobre ciência da natureza em geral, particularmente sobre morfologia. Experiência, observação, conclusão vinculadas a acontecimentos biográficos*. Nessa revista, "Goethe publica em sua maioria textos de sua própria autoria que nem sempre tinham sido esboçados e preparados propriamente para a revista. Entre esses se encontram alguns mais velhos, já publicados, e também outros inéditos, todos mais ou menos revisados criticamente e reelaborados em sua redação. Contribuições de cientistas mais jovens [entre os quais, por exemplo, Hegel], com quem o velho Goethe mantinha contato, completam o conjunto" (cf. o relato editorial de Jutta Eckle in: *Goethe, Die Schriften zur Naturwissenschaft*. 2. seção, vol. 1, parte B. Weimar, Hermann Böhlaus Nachfolger, 2011, p. 1.280). O caráter fragmentário de tal propedêutica morfológica, misto de observação científica, teoria, relato e troca de opiniões, aproxima-a estilisticamente dos *Anos de peregrinação de Wilhelm Meister*, esboçado em 1821, finalizado em 1829. Os textos introdutórios a seguir, portanto, que aqui servem de introdução à *Metamorfose das plantas*, serviram na verdade de introdução a esse projeto mais genérico anunciado no título da revista, e por isso ocupam as primeiras páginas do seu primeiro volume. O texto *O autor compartilha a história dos seus estudos botânicos* foi mais tarde consideravelmente estendido por Goethe, na ocasião da edição bilíngue (francês-alemão) da *Metamorfose das plantas* (*Goethe, Essai sur la Métamorphose des Plantes*. Trad. F. Soret. Stuttgart, Cotta, 1831). O último texto da presente coleção, o ensaio

O experimento como mediação entre o objeto e o sujeito, cuja escrita data de 1793, foi publicado apenas em 1823, na quinta parcela da revista (vol. 2, primeiro caderno).

10. Goethe certamente se refere ao assalto do exército de Napoleão à cidade de Jena, ocorrido em 14 de outubro de 1806. Esse episódio – também presenciado por Hegel, que à época ainda lecionava em Jena e enviava a seu editor, justamente nos dias do assalto, a versão final da *Fenomenologia do espírito* – foi responsável por praticamente imobilizar o exército prussiano e levou em seguida à capitulação, dissolução e reorganização da Prússia sob a hegemonia napoleônica. Cf. Thomas Nipperdey, *Deutsche Geschichte (1800-1866) Bürgerwelt und starker Staat*. Munique, C.H.Beck, 1993, p. 11-31.

11. Esta sentença precisa ser sublinhada, posto que é formulada a partir de conceitos que se tornaram essenciais no curso da filosofia do século XIX: *Dasein, wirkliches Wesen, Gestalt*. A figura, pois, diz respeito aos caracteres do ser-aí (cuja tradução por existência não é mais que aproximação) de uma essência efetiva; noutras palavras: a figura apresenta os traços do ser-aí de uma essência efetivada. Uma essência pura, mera aparência (*Schein*), não tem figura, dado que, não sendo efetiva, não tem ser-aí. A figura é, pois, a maneira pela qual o ser-aí de uma essência efetiva se dá aos olhos de um observador. A doutrina do movimento das figuras, de seu devir, esta é a morfologia (ou doutrina da variação, ou metamorfose).

12. Observa-se, pois, que a morfologia seria uma doutrina das figuras (*Gestaltenlehre*) apenas em sentido restrito, posto que talvez melhor fosse descrita como doutrina da formação (*Bildungslehre*). A partir dessa segunda descrição, pois, o termo figura passa a ser entendido como apenas um dos instantes (visíveis) de um processo mais amplo, que em seu todo constitui o que Goethe chamará de ideia ou conceito. Mas o termo ideia passou a ser utilizado por Goethe aparentemente apenas depois que Schiller, mergulhado na *Crítica da faculdade de julgar*, de Kant (1790), lhe chamara a atenção ao fato de que o que Goethe, em sua peregrinação estético-científica pela Itália, buscava sob o nome misterioso de *Urpflanze* (a planta originária) não expressava outra coisa senão o conceito kantiano – e não mais o platônico – de ideia (cf. Ernst Cassirer, *Goethe und die geschichtliche Welt* [1932]. Hamburgo, Meiner, 1995, p. 79). Essa explicação, contudo, apesar de aparentemente corroborada na troca epistolar entre Goethe e Schiller (1794-1805), parece anacrônica quando se tem em mente que a noção da *Urpflanze* e o empreendimento metódico e trabalhoso de sua busca e constituição científica decorrem das discussões entre Goethe e Herder à época em que este último publicava – contra o seu antigo mestre Kant – as suas *Ideias para a filosofia da história da humanidade* (1784-1791). Talvez seja o caso, assim, de desconfiar que Goethe, quando se faz passar ao novo amigo Schiller por surpreso quanto ao fato de que *Urpflanze* signifique ideia da planta, estivesse apenas ironizando o jovem amigo, que lhe pretendia reinventar, mais de década depois, a roda.

13. *Absenker*: segundo o *Dicionário Houaiss da língua portuguesa*, mergulhia é a "técnica de multiplicação vegetativa em que o caule ou ramo rastejante é coberto de terra, induzindo o enraizamento, e depois separado da planta que o originou; alporca, alporcamento, alporque, alporquia". Brotero utiliza por sua vez o termo enxertia.

14. *Federchen*: sinônimo de gêmula.

15. Deve-se notar aqui o duplo sentido intencionado por Goethe: folhas no sentido de as folhas dos cadernos de morfologia que o velho Goethe manda imprimir dez anos depois; folhas no sentido de o processo das várias formas da folha (as várias folhas), segundo o qual Goethe, no texto da *Metamorfose*, reconstitui geneticamente a ideia da planta.

16. *Infusionstiere, animalia infusoria*: assim eram chamados, em geral, os microrganismos no mais das vezes descobertos, com a ajuda do microscópio, em infusões aquosas.

17. *Lebenspunkt*: Goethe encontra-se ainda anterior ao desenvolvimento da teoria celular, inaugurada em 1830 por Franz Julius Ferdinand Meyer e formulada em 1838 por Mathias Schleiden. O conceito, porém, da menor unidade vivente, a célula, fora cunhado em 1665 por Robert Hooke, que já fazia uso do microscópio.

18. A árvore expressaria o fenômeno vegetal em seu maior desenvolvimento, tal como o ser humano, o fenômeno animal em sua maior complexidade. A razão disso estaria em que ambas, a forma árvore e a forma ser humano, contêm um grau avançadíssimo de articulação e complexificação de suas partes visíveis – visíveis, pois é preciso lembrar que Goethe pertence a um período anterior à hegemonia estabelecida do paradigma "atomístico" de consideração biológica, já que a teoria celular disseminar-se-ia, de fato, apenas a partir de 1839, com Schleiden e Teodor Schwann. Sendo assim, no que concerne à articulação dos próprios membros e estruturas visíveis, pode-se pesquisar na forma árvore e na forma humano, e isso em extensão máxima, a configuração morfológica dos pontos nodais do vegetal em geral, do animal em geral. Lineu, contudo, baseava toda a sua caracterização do reino vegetal (vide a obra *Prolepsis Plantarum*, de 1760) no conceito da prolepse (antecipação), explicando assim que o desenvolvimento vegetal antecipa em suas fases primárias as articulações da planta adulta – que ele assumia em sua forma final ser a árvore. Daí que se buscou em cada caso encontrar (ou projetar) antecipadamente, no desenvolvimento da planta em geral, as partes da árvore adulta – procedimento teleológico que, segundo a visão goetheana, apenas impedia (dada a antecipação) que se pudesse ver e conceituar a articulação real do processo metamórfico por que passa todo vegetal. Goethe substituiu, pois, a concepção do decurso morfológico vegetal onerada pela tarefa de buscar no desenvolvimento as categorias que só se apresentam no termo do processo (metodologia conhecida simplesmente por finalismo), pela pesquisa empírica acerca desse desenvolvimento visto em si mesmo, singularmente, sem antecipações categóricas. Nessa substituição, as etapas do desenvolvimento vegetal deixaram de ser classificadas segundo o esquema das partes da árvore adulta e foram descobertas como configurações sequenciais e diferentes de uma mesma forma fundamental da metamorfose: a folha, a plasticidade vegetal enquanto tal (cf. infra, § 107-111, onde se verifica que a crítica à prolepse de Lineu será o tema conclusivo do texto da *Metamorfose*). Igualmente, com essa alteração da consideração vegetal, a forma humana deixa de ser vista como termo final de um processo restrito a antecipá-la, em cada caso mais ou menos precariamente, para ser entendida como termo final precisamente porque seria a expressão da plasticidade universal da natureza. "O ser humano é, em sua organização, a realização mais abrangente do tipo de um animal (...). Ele é resultado e não regra de medida preestabelecida de uma metamorfose da natureza. Ora, Goethe não pensa também de certa maneira teleológica, segundo a qual a natureza conclui o seu desenvolvimento no ser humano." (Olaf Breidbach, *Goethes Naturverständnis*. Munique, Wilhelm Fink, 2011, p. 116 s). O finalismo antecipatório de Lineu foi dissolvido, portanto, apenas quando se estabeleceu a forma final não mais como uma forma fixa, mas como a plasticidade absoluta que o humano é. A asserção de que a forma humana resumiria em si toda a complexidade da esfera animal tinha sido, naquele contexto, reformulada por Herder no seu *Tratado sobre a origem da linguagem* (1770) e nas já citadas *Ideias sobre a filosofia da história da humanidade* (1784-1791). Tratou-se, ali, de considerar que a complexificação cada vez maior do processo de sociabilização humana teria alcançado, mediante a linguagem simbólica e os diversos institutos sociais, dar forma articulada *ad infinitum* não só ao corpo social humano, mas especialmente ao próprio corpo humano e todos os seus membros e funções, o que permitiu a sua adaptação às mais diversas circunstâncias climático-ambientais do planeta. Assim, tal como um dia se pensou que a árvore articula (ao infinito)

todas as figuras da folha originária, Herder e Goethe viram na humanidade a manifestação da articulação infinita (e livre) de todas as formas de vida do animal. É nesse contexto, pois, que surge no horizonte alemão a controvérsia do finalismo, da teleologia, cuja crítica derradeira se atribui à *Crítica da faculdade de julgar* (1790), de Kant. Decerto, a última parte do sistema crítico kantiano fornece à tarefa da refutação do finalismo uma máquina de guerra poderosíssima, e isso foi reconhecido pelo próprio Goethe (cf. Ernst Cassirer, *op. cit.*, p. 79), convocado por Schiller à leitura da referida obra kantiana em virtude da notável confluência de objetivos entre as duas obras de 1790 (a *Metamorfose* e a *terceira crítica*) – a despeito da absoluta contrariedade de seus pressupostos e metodologias. Digo contrariedade pois, desde a década de 1760, surgia no horizonte literário alemão, a princípio com Mendelssohn, em seguida pelo conjunto Herder-Goethe, forte crítica ao pendor analítico que Kant defendera em toda a sua carreira, tanto pré-crítica quanto crítica. A historiografia científica e filosófica, contudo, parece ter se esquecido, por muito tempo, de todo esse processo as suas etapas mais significativas, atribuindo a Kant, exclusivamente, e à sua metodologia, o mérito da questão. O célebre Cassirer (*op. cit.*) tem o mérito de ter notado que Goethe desenvolveu a sua crítica ao finalismo anterior e independentemente de Kant, porém, ao não levar em conta a resistência de Mendelssohn e Herder contra Kant nesse processo, Cassirer contribuiu à criação artificial da imagem de uma derradeira confluência metodológica entre Kant e Goethe – o que se defende claramente, por exemplo, na obra por outros motivos notável: Jean Lacoste, *Goethe Science et philosophie*. Paris, PUF, 1997.

19. Desde já Goethe deixa claro a sua oposição à descrição bíblica acerca da criação da Terra e da constância das espécies animais e vegetais, assim como à metodologia analítica, de corte aristotélico, da sua separação radical. A ideia da transformação das formas animais e vegetais, que sempre rondou o pensamento filosófico, especialmente em suas vertentes neoplatônicas, veio à tona de maneira decidida ao meio-dia do século XVIII, especialmente com o conde de Buffon (*Histoire naturelle*, 1749-1767) e Denis Diderot (*Pensées sur l'interprétation de la nature*, 1754). No cenário alemão, os pioneiros desse novo ponto de vista foram, sem dúvida, Herder e Goethe, que o aplicaram ao âmbito da astronomia, da geologia, da botânica e da anatomia comparada. Digno de nota é o fato de que Goethe, motivado pelas *Ideias* de Herder, decidira provar, mediante reconstrução ontogenético-filomorfológica de várias espécies de mamíferos, que o osso intermaxilar que os anatomistas da época teimavam em não encontrar nos humanos (a fim de comprovar a distinção essencial entre humanos e os outros mamíferos) ter-se-ia embutido, quase sem deixar rastros, ainda num estágio inicial do desenvolvimento ósseo do feto humano. Ao apresentar a história do desaparecimento do osso intermaxilar nos humanos, no texto intitulado *Experimento a partir da anatomia comparada de que o osso intermaxilar superior seja comum aos humanos e aos outros mamíferos* – que veio à luz em 1784 na forma de um luxuoso manuscrito (*Prachthandschrift*) em latim, documentado com 12 ilustrações e dez tabelas encomendadas a um renomado desenhista, particularmente elaborado para o envio ao mais célebre anatomista da época, Petrus Camper – que soberbamente ignorou as "extravagâncias" amadoras do famoso poeta. Tal ensaio foi publicado, todavia, apenas em 1820, no segundo caderno do primeiro volume da revista *Sobre ciência da natureza em geral e morfologia em particular* (cf. o comentário de Dorothea Kuhn, in: *Goethe, Sämtliche Werke*, 1. seção, vol. 24, Frankfurt am Main, Deutscher Klassiker Verlag, 1987, p. 885 ss.). Goethe terá, portanto, comprovado empiricamente o elo perdido entre humanos e demais mamíferos, contrariando radicalmente a visão científico-religiosa da sua época, fato que terá obrigado Darwin a citar Goethe à primeira página de sua obra máxima. Consequentemente, moldava-se naquele contexto do Iluminismo tardio alemão uma revolução radicalíssima na antropologia, que visava à abolição do conceito "científico" tradicional acerca da essencialidade das diferenças de raça entre os humanos. Fica claro, portanto, o motivo pelo qual a atuação intelectual da dupla Herder e Goethe ganhou a etiqueta de tempestade e ímpeto (*Sturm und Drang*): o espinosismo

que herdaram de Lessing e Mendelssohn era radical demais para o horizonte eminentemente racista da antropologia de Blumenbach, hegemônica na época, na qual se baseava também Kant (cf. Luca Corti, *Pensare l'esperienza, una lettura dell'Antropologia di Hegel*. Bolonha, Pendragon, 2016, p. 68 ss.), pelo menos até a publicação da *Crítica da razão prática* (1788). O ponto de vista "evolutivo" – ou melhor, metamórfico – que ali se anunciava ganharia estruturação científica ampla, contudo, apenas por volta da década de 1830, mediante os trabalhos de Saint-Hilaire, na França, e Charles Lyell, na Inglaterra, de modo que, quando Darwin publica a sua obra máxima, em 1859, a teoria da evolução já dispunha, portanto, de mais de um século de idade. Quando o darwinismo, todavia, veio a ser introduzido na Alemanha, por encargo de Häckel, disseminou-se certo tipo de redescoberta da importância dos trabalhos morfológicos goetheanos, naquele tempo já totalmente esquecidos. Mas, naquela circunstância em que a teoria da evolução solidificava-se em horizonte positivista (e, no contexto alemão, em sua maior parte declaradamente racista), perdia-se por completo o sentido emancipatório da tempestade e ímpeto de Herder e Goethe, pois, em vez de contribuir para a abolição do racismo científico, apenas se buscava fornecer-lhe pretensas comprovações empíricas.

20. Não se há de deixar passar despercebido que Goethe, aqui, dá testemunho de como as discussões a respeito da possibilidade de que humanos e primatas pudessem ser "aparentados" – e, de fato, mais proximamente do que desejasse o hegemônico "espírito do tempo" – ocasionaram naturalmente o abalo também dos valores estabelecidos no campo das discussões estéticas. O campo teórico da estética fora instituído em língua alemã pelos desvios doutrinários que Alexander Gottlieb Baumgarten, durante a década conturbada de 1750, introduzira na escolástica wolffiana, e a tal horizonte recém-"inaugurado" – que em língua francesa e inglesa igualmente se renovava, por exemplo, via Rousseau (*Discurso sobre as ciências e as artes*, 1751), Hume (*Do padrão do gosto*, 1757), Diderot, etc. – lançaram-se especialmente Lessing, Mendelssohn, Hamann, Winckelmann, Herder e Goethe, renovando fundamentalmente o padrão da *crítica de arte* em língua alemã. A questão estética mencionada por Goethe, se o belo é inerente aos objetos ou apenas subjetivo – questão a que a época respondeu decididamente pela segunda alternativa – é uma das teses fundamentais do importantíssimo *Fédon, ou sobre a imortalidade da alma* (1768), de Mendelssohn, e constitui, por assim dizer, o ponto de partida fundamental para a ruptura – consumada pela estética goetheana – com a doutrina tradicional da separação analítica dos estilos e formas artísticas, herdada de Aristóteles (cf. Ernst Cassirer, *op. cit.*, p. 52-64).

21. Trata-se da obra principal de Herder, cujo primeiro volume veio à luz em 1784, como tentativa de refutação generalizada do projeto crítico kantiano cuja primeira parte, a *Crítica da razão pura*, fora publicada em 1781. Não é exagero dizer que o objeto primeiro do empreendimento herderiano, a ideia da plasticidade das formas naturais e animais, visava clara e abertamente à destruição dos fundamentos teóricos que figuras de renome da época, como Blumenbach e o próprio Kant, apresentavam para defender cientificamente a diferenciação racial rigorosa (e a conservação dessa diferença) entre os tipos humanos. Tão logo publicado o texto, Kant foi dos primeiros a avaliá-lo publicamente numa resenha amarga. Nas palavras do Kant resenhista, a primeira parte do texto de Herder trata de construir uma "série sequencial (*Sufenleiter*) das organizações" naturais, desde os cristais minerais mais simples, passando pelas configurações vegetais e animais até a configuração do homem ereto. Trata-se de induzir o pensamento à ideia de um certo sistema evolutivo, (Kant, Werkausgabe XII, p. 802) de uma afinidade de todas as forças orgânicas, ideia que assombrou sobremaneira o Kant que havia recém-estabelecido com tantos cuidados os limites da razão teórica pura: "Apenas que uma afinidade entre os gêneros, posto que um teria surgido ou a partir do outro, e todos a partir de um único gênero original, ou a partir de um único seio materno criador, isso levaria a ideias que são tão gigantescas que

a razão diante delas se apavora" (*ibidem*, p. 798), "ideias a respeito das quais não se pode pensar absolutamente nada" (*ibidem*, p. 796). Tais ideias, para Kant, surgem de uma "imaginação conduzida pelas asas do sentimento" e não caberiam, assim, sem mais, dentro do território estabelecido pela crítica esclarecida.

22. Goethe se refere à tese netuniana acerca da formação do planeta Terra, elaborada e defendida na época por Abraham Gottlob Werner, célebre professor da geognosia, disciplina que em pouco daria lugar à geologia. "Apoiando-se na análise de rochas sedimentares e na presença de fósseis marinhos nos picos mais altos das montanhas, Werner explica a gênese das diferentes rochas tendo em vista o oceano originário: depois de um longo período de calma, o granito se deposita por cristalização; o nível da água baixa muito progressivamente, o que ocasiona tempestades violentas; formam-se os xistos; em seguida, a alternância entre as tempestades e as calmarias produz as rochas sedimentares, o carvão se constitui a partir da vegetação deglutida [nesse processo] e os metais se formam nas falhas e fissuras; o incêndio espontâneo de nichos de carbono produz, enfim, de maneira acidental e marginal, as rochas vulcânicas. Essa visão, que descartava a hipótese de um fogo central e toda explicação cataclismática, e que se aplicava tão bem às rochas da Saxônia, suscitou desde o início a adesão de um número considerável de discípulos brilhantes que a difundiram na Alemanha e na Europa." (P. Lacoste, *op. cit.*, p. 177). À teoria netuniana se opôs radicalmente a teoria vulcanista – aliás, defendida por Leibniz de maneira pioneira no opúsculo *Protogea* e mais tarde indiretamente corroborada por Kant no opúsculo *Resposta à pergunta se a Terra envelhece* (1754) – de acordo com as formulações pioneiras de J. C. W. Voigt, estudioso muito próximo de Goethe, e, mais tarde, de Humboldt, ambos alunos do próprio Werner. Essa teoria, que já se fundava igualmente na França e na Inglaterra (com James Hutton), sustenta que "quase todas as rochas vieram à tona sob a influência do calor do fogo central no interior da Terra e configuraram a paisagem" (cf. Aeka Ishihara, *Goethes Buch der Natur, Ein Beispiel der Rezeption naturwissenschaftlicher Erkenntnisse und Methoden in der Literatur seiner Zeit*. Wurzburg, Königshausen & Neumann, 2005, p. 25). Foi, portanto, a partir da constituição da teoria vulcanista que se consolidou a geologia enquanto disciplina científica, fato que se atribui à obra máxima de Lyell (1830-1833). Goethe, porém, manteve-se até o final da vida fiel aos princípios do netunismo, porque lhe horrorizava a ideia de que o processo natural em geral pudesse determinar-se por cataclismas, isto é, pelo acidental, em vez de mediante um curso necessário de acontecimentos. Para utilizar um cacoete hegeliano, a morfologia goetheana partia do pressuposto de uma "razão" na natureza.

23. Epígrafe da edição de 1790, que traduzimos por "não estou desatento ao fato de que nuvens poderão cobrir o caminho aos que estão prestes a empreendê-lo, mas elas serão dissipadas facilmente quando for permitido a muitos fazer uso da luz dos experimentos, pois a natureza é sempre igual a si própria, mesmo que nos possa parecer frequentemente, por um defeito necessário da observação, que discorda de si mesma".

24. Baseamo-nos, para a relação dos termos em alemão com os termos em francês, em latim e em português, na já citada edição bilíngue francês-alemão da *Metamorfose*, nos já citados escritos de Rousseau sobre a botânica, na tradução alemã do escritos botânicos de Rousseau (Jean-Jacques Rousseau, *Botanik für Frauenzimmer*, s.n., Manheim, 1781), num célebre compêndio da época (*Die Botanik nach ihren neuesten Anischten dargestellt*, Viena, 1815), na grande obra do célebre Gärtner (*De Fructibus et Seminibus Plantarum*, 1788), na publicação das preleções sobre botânica ministradas pelo professor da Universidade de Berlim Carl Ludwig Willdenow (*Grundriss der Kräuterkunde zu Vorlesungen*, 5. ed. melhorada e aumentada. Berlim, Haude und Spencer: 1810) e no *Compêndio de botânica* do então professor da Universidade de Coimbra, Brotero (Felix Avellar de Brotero, *Compêndio de botânica ou noções elementares desta scientia, segundo os*

melhores escritos modernos, expostas na língua portuguesa. Tomo primeiro. Paris, 1788) – donde em vários casos retiraremos excertos longos (atualizados ortograficamente) a fim de dar ao leitor notícia de um trabalho botânico em português exatamente contemporâneo ao texto goetheano. Além dessas fontes, faremos uso de diversos outros dicionários, citados em cada caso. As escolhas lexicais aqui empregadas foram em cada caso comparadas às da tradução portuguesa da *Metamorfose* realizada por Maria Filomena Molder (*Goethe, A Metamorfose das plantas*. Trad. Maria Filomena Molder. Lisboa, Imprensa Nacional – Casa da Moeda, 1993).

25. *Gefüllte Blume, fleur double*: "a flor dobrada (*flos plenus*) propriamente tal é aquela cuja corola dobra de tal modo que todos os estames ficam convertidos em pétalas ou lacínias. O pistilo nessas flores, originariamente, ou é transformado assim com os estames, ou apertado e sufocado de modo que fica estéril. Sendo pois deste modo destruídas as partes essenciais da frutificação, se entende facilmente que uma flor dobrada (segundo a própria acepção botânica desse termo) fica inteiramente estéril, e não se podem esperar dela sementes algumas fecundas". (Brotero, *op. cit.*, p. 211).

26. *Staubfäden, filamentum*; *Staubbeutel, anthera:* partes do órgão masculino das flores, o estame (*Staubgefaß*). A tradução de Frédéric Soret, nesse caso, pode confundir, porque verte *Staubbeutel* por *pistil*, o que é um erro, mesmo a despeito do fato de que as flores duplas surgem quando um ou ambos dos órgãos sexuais da planta transmutam-se em pétalas. A nossa opção por diferirmos de Soret nesta questão é também compartilhada por Molder (*op. cit.*, p. 35).

27. Pois a ordem comum do crescimento seria que a flor não apresentasse outras pétalas além das que já formaram a corola, mas que desenvolvesse plenamente o seu aparato reprodutor (pistilos e estames).

28. *Samenblättern, kotiledones*: segundo o *Dicionário Houaiss*, "1. Folha ou cada uma das folhas que se forma no embrião das angiospermas e gimnospermas e que, em algumas espécies, pode ser um órgão de reserva para o desenvolvimento da plântula [o número de cotilédones nas angiospermas varia entre um (monocotiledôneas) e dois (dicotiledôneas); nas gimnospermas, frequentemente existem vários.]. 2. Designação comum às plantas do gênero *Cotyledon*, da família das crassuláceas, que reúne nove espécies de arbustos suculentos, nativas do leste e do sul da África e Arábia, algumas cultivadas como ornamentais". No caso presente, tal como no primeiro subtítulo do tratado (*I. Von den Samenblättern*), trata-se, notadamente, do primeiro significado do termo.

29. Hülle, involucrum.

30. *Samendecke, arillus*: Willdenow (*op. cit.*, § 117) apresenta que o arilo é uma epiderme solta que se alarga sobre a semente. Trata-se, segundo Gärtner (*op. cit.*, p. 132), de um tegumento acessório da semente. Mais tarde, será o caso de observar que os tegumentos próprios das sementes são a testa, ou túnica externa (o tegumento mais externo), e a membrana interna, aquela mais próxima do núcleo.

31. *Samenklappen, Kernstücke, Samenlappen, Samenblättern:* Gärtner (*op. cit.*, p. 152) apresenta, quando da definição do termo *cotilédone*, que, adotado por Lineu, fora antes chamado por Jungio de *valvae seminis*, por Gleichenio de *lobi seminales* e por vários outros botânicos de *foliola seminali*. Brotero (*op. cit.*, p. 183) chama os cotilédones de lóbulos lácteos e (*ibidem*, p. 191) miolo da semente. Adiante (*ibidem*, p. 192), acrescenta: "os cotilédones, enquanto não começa a germinação, servem juntamente com os tegumentos de fomentar a plântula seminal

contra os frios, e de preservá-la de outras injúrias externas; são de natureza mais ou menos oleosa, e contêm em si uma substância mucilaginosa própria para nutrir a plântula no estado de germinação, enquanto ela não pode tirar da terra os sucos suficientes para a sua firme subsistência; essa substância é assaz análoga ao leite com que os animais vivíparos nutrem seus tenros filhos, e, por isso, alguns fisiologistas compararam os cotilédones com as tetas dos ditos animais e lhes chamaram corpos mamários. (...) Quando a semente tem um só cotilédone, este costuma sempre consumir-se debaixo da terra dentro dos tegumentos no tempo da germinação; pelo contrário, quando há dois, saem sempre com a plúmula fora dos tegumentos e, sobre a superfície da terra, persistem apegados à base do novo tronco mais ou menos tempo, e muitas vezes tomam a aparência de folhas, como se vê nos melões, abóboras, etc. Daqui procede darem-lhes os botânicos o nome de folhas seminais; mas este nome só se lhes pode conservar ajuntando-lhes o epíteto de bastardas. As folhas seminais rigorosamente são aquelas que rebentam primeiro na germinação e constituem a plúmula; ora, tanto nas sementes monocotilédones como dicotilédones, a plúmula não foi jamais constituída pela substância do cotilédone, mas sim pelo ponto germinativo, a que alguns chamam gomo da semente; demais disso, quando os cotilédones chegam a ser folhas, já haviam outras primeiro na plúmula mais ou menos aparentes: donde resulta que todas os cotilédones, que tomam a aparência de folhas, só merecem ser chamados folhas seminais bastardas (*pseudophylla seminalia, sive folia seminalia spuria*), pela razão de serem posteriores às seminais e por terem como cotilédones subministrado sucos lácteos à plântula seminal, ficando algum tempo depois gozando de funções análogas às das verdadeiras folhas seminais".

32. *Knotenpunkt*: o desenvolvimento da planta se dá, para Goethe, nas várias etapas, ou épocas, discernidas pelos vários pontos nodais do curso regular da planta: os cotilédones, dos quais se formará o caule, do qual por sua vez surgirá o ponto nodal seguinte, as primeiras folhas, das quais brotarão então a corola, etc. Kieser, um filósofo e cientista da natureza de molde schellinguiano que terá alcançado certo renome nas primeiras décadas do século XIX, estipulará como lei que "cada internódio, composto de caule, folha e nó, é, portanto, a planta inteira" (Dietrich Georg von Kieser, *Aphorismen aus der Physiologie der Pflanzen*. Göttingen, 1808, p. 30). Essa noção será, mais tarde, por exemplo, na *Filosofia da natureza* de Hegel, desenvolvida a ponto de significar que a planta é sempre um agregado racional de vários indivíduos, isto é, de vários internódios, que não alcançam a subjetividade. "A *Metamorfose das plantas*, de Goethe, deu início a um pensamento racional acerca da natureza da planta na medida em que desvinculou a representação desde o esforço acerca de meras individualidades [o estilo meramente analítico de Lineu; F.N.], levando-a ao conhecimento da unidade da vida. A identidade dos órgãos é o que prevalece na categoria da metamorfose; a diferença determinada e a função peculiar das partes, mediante a qual é posto o processo vital, é, contudo, o outro e necessário lado em relação àquela unidade substancial." No parágrafo seguinte: "o tomar-se em conjunto da autoconservação numa unidade não é um autoencadear-se do indivíduo consigo mesmo, mas a produção de uma nova planta individual, o *botão*". (Georg Wilhelm Friedrich Hegel, *Enciclopédia* [1830], § 345, 346).

33. Kelch, calix.

34. *Federchen* (também *Blattfederchen), plumula*: segundo o *Dicionário Houaiss*, "ápice do eixo do embrião ou da plântula dos vegetais com sementes, que origina as primeiras folhas propriamente ditas; gêmula".

35. *Blattstiel, petiolus*: segundo Lineu (*Systema Plantarum*), "ramo da folha, próprio da folha"; o *Dicionário Houaiss*, "segmento da folha que a prende ao ramo ou tronco, diretamente ou através

de uma bainha; é geralmente cilíndrico e frequentemente canaliculado, mas pode apresentar forma e comprimento muito variado e até mesmo faltar".

36. *Stielchen, Blumenstiel, pedunculus*: a definição de Lineu é "ramo do caule florífero".

37. *Afterblätter, stipulae*: segundo o *Dicionário Houaiss da língua portuguesa*, "apêndice geralmente laminar, pequeno e em número de dois, existente na base dos pecíolos de algumas plantas".

38. Stamm, truncus.

39. Do grego ἀναστομόω, que, segundo Lidell-Scott-Jones, significa fornecer uma (des)embocadura, abrir. Segundo o *Dicionário Houaiss*, "1. comunicação entre dois vasos ou canais quaisquer. 2. comunicação natural direta ou indireta entre dois vasos sanguíneos, entre dois canais da mesma natureza, entre dois nervos ou entre duas fibras musculares. 3. união total ou parcial de duas estruturas, tais como vasos, nervuras, ramos, raízes, etc.". Em *Die Botanik* (*op. cit.*, p. 172), encontra-se: "da anastomose das nervuras/vasos às folhas depende toda a figura destas últimas; dado, porém, que estas são diversas em cada vegetal, então não há que se surpreender com a variedade das folhas".

40. *Blatthäutchen, lígula*: segundo o *Dicionário Houaiss*, "apêndice, geralmente membranáceo ou piloso, encontrado na junção do limbo à bainha das folhas das gramíneas e de outras famílias; bárbula, crista". Molder (*op. cit.*, p. 39) traduz o termo literalmente por *película foliar.* Em *Die Botanik* (*op. cit.*, p. 40) encontra-se: "a lígula é um folíolo membranoso e transparente que se situa à margem da vagina e na base da folha".

41. *Ranunculus aquatilis L*: da família das ranunculáceas.

42. Hohl, fistulosus, tubulosus, concavus.

43. *Mark, medula*: segundo o significado apontado no *Dicionário Houaiss da língua portuguesa*, "parênquima incolor e de membranas delicadas que ocupa a parte interna do cilindro central do talo de plantas dicotiledôneas, gimnospermas e de algumas pteridófitas". Em *Die Botanik* (*op. cit.*, p. 170) encontra-se: "a medula, que se encontra no ponto central do caule, é um tecido celuloso solto que normalmente impressiona por seu branco fascinante. Não é diverso do tecido celular e não tem a menor semelhança com a medula da espinha dorsal dos animais".

44. *Zellengewebe, tela cellulosa*: importante notar que o termo célula, ou tecido celular, foi utilizado muito antes do desenvolvimento da teoria celular propriamente dita.

45. *Fleisch, parenchyma,* do grego παρεγχέω: segundo o dicionário Liddel-Scott-Jones, "infundir ao lado". Segundo o dicionário de Brotero: "tecido celular, substância que existe nas malhas ou nos intervalos dos vasos capilares ou fibras seivosas dos vegetais, e que se supõem ser um composto de vesículas encostadas umas às outras sem comunicação sensível, cortando a direção das fibras em ângulos retos e passando inteiramente desde o centro da medula (da qual ele parece ser uma prolongação) até a epiderme da casca. O nome de parênquima é, contudo, aplicado mais frequentemente ao tecido celular das malhas das folhas, e outros grandes intervalos, que se acham entre as fibras seivosas". Neste ponto parece-nos necessário esclarecer uma aparente confusão, pois Soret traduz o termo por *liber,* que significa *floema secundário* – segundo o *Dicionário Houaiss,* "tecido vascular vegetal formado principalmente por elementos crivados e células esclerenquimatosas e parenquimatosas, cuja função principal é o transporte de água, sais

minerais e compostos orgânicos produzidos pela fotossíntese, além das funções de sustentação e reserva; líber, leptoma [diferencia-se em primário e secundário e ocorre associado ao xilema, geralmente externo a ele]". Aparentemente com base nisso, Molder (*op. cit.*, p. 39) aponta, em nota, que o termo *Fleisch*, vertido no texto por *carne*, designa aquilo que se chamou *cambium* (também câmbio vascular), que, segundo o *Houaiss*, significa "meristema lateral presente nos caules e raízes das plantas vasculares, localizado entre o xilema e o floema, e responsável pelo crescimento secundário destes". Observa-se, pois, que Soret optou por aproximar *Fleisch* do floema, ao passo que Molder, indo mais profundamente na questão, chamou a atenção para o fato de o termo indicar aquilo que está, na verdade, entre o floema e o xilema. Este último, por sua vez, é definido pelo *Dicionário Houaiss* como "tecido vascular vegetal formado por elementos condutores de água, células de parênquima e, frequentemente, outros tipos de células, especialmente de sustentação [o xilema distingue-se em primário e secundário, e está geralmente associado ao floema, formando um sistema contínuo que percorre toda a planta.]" (grifo nosso). Por outro lado, a enciclopédia *Die Botanik* (*op. cit.*, p. 134) aponta que o latim *liber* traduz na verdade o termo alemão *Basf*, ali esclarecido como, nas plantas lenhosas, a camada composta meramente de vasos, imediatamente coberta pelo córtex (súber, felema; *Rinde*). O próprio Rousseau esclarece em seus *Fragmens pour um dictionaire des termes d'usage em botanique* que *liber* é um conceito "que diz respeito imediatamente à lenha".

46. *Epoche der Blüte*: o termo *Blüte* (também *Blühte, Blüthe*) impõe dificuldade ao tradutor, visto a sua semelhança e diferença com o termo *Blume*. Na tradução alemã das *Cartas sobre botânica* de Rousseau, por exemplo, *Blüte* verte os termos *bouton, fleur, floraison*. Como já se viu acima, em nota, *Die Botanik* diferencia, como partes gerais da planta, a inflorescência (*Blütenstand*) e as flores (*Blume*).

47. *Blütenstand, frutificatio, inflorescentia*: segundo o *Dicionário Houaiss*, "conjunto de flores ou qualquer sistema de ramificação que termine em flores, e que se caracteriza pela presença do pedúnculo". Poder-se-ia traduzir *Blüthenstand* e, mais tarde, *Fruchstand*, por, respectivamente, receptáculo das flores e receptáculo dos frutos. Mas tais órgãos de fato aparecem claramente apenas depois de completamente desenvolvido o processo de inflorescência e frutificação. Daí que receptáculo surgirá apenas posteriormente.

48. *Stammblätter, caulinum*: nota-se que Goethe faz uso aparentemente indiferenciado de *Stammblätter* e *Stengelblätter* – o que também se verifica nas fontes de referência, contemporâneas a Goethe, consultadas.

49. *Fichtenarten*: segundo o *Dicionário Houaiss*, "da família das pináceas, que reúne cerca de quarenta espécies, também conhecidas por espruce, nativas de regiões frias do hemisfério norte e muito semelhantes aos abetos", gênero de coníferas.

50. *Fruchtstand, infructescentia*: ligeiramente divergente de *Begattungsperiode, fructificatio*, posto que o primeiro par de conceitos diz respeito às figurações frutíferas das plantas, ao passo que o segundo refere-se ao período em que se desenvolvem os frutos propriamente ditos. Contudo há que se evitar ainda um engano, pois infrutescência tem também o significado mais restrito de uma certa formação de frutos onde uns encontram-se imediatamente contíguos a outros, assemelhando-se o todo a uma única fruta, como no caso dos figos.

51. *Blütenblätter, folia floralia, bracteae*: Goethe destaca tal termo a fim de distingui-lo claramente de *Blumenblätter*, as pétalas propriamente ditas. Segundo Brotero, as folhas da inflorescência são "brácteas persistentes" – e este será o termo utilizado (cf. infra § 97) quando

tais folhas tiverem a sua figura profundamente alterada. Mais atualmente, utiliza-se o termo "verticilos florais", o que, segundo o *Dicionário Houaiss*, significa "conjunto de ramos, folhas ou peças florais dispostos ao redor de um eixo no qual se inserem no mesmo nível". Trazemos à tona um tal termo, verticilo floral, porque ele participa da definição de conceitos importantes para a terminologia botânica que se tornou predominante depois de Goethe, tal como perianto (*Blütenhülle, Blütendecke, perianthium* – segundo *o Dicionário Houaiss*, "conjunto de verticilos florais, formado pelo cálice e pela corola; periântio, periginândrio, periginandro") e perigônio (*perigon*: "verticilo floral formado por um ou mais círculos de peças iguais, as tépalas, no qual não há diferenciação em cálice e corola"). Nota-se que os mais célebres botanistas do século XVIII encontravam dificuldade na determinação da diferença entre os órgãos do cálice (*calyx* ou *perianth*) e os da corola (cf. o relato de Benjamin Smith Barton, *Elements of botany*. Filadélfia, Desilver, 1836, p. 100). Em vista disso, em 1790, precisamente o ano da aparição de *A metamorfose das plantas*, o celebrado botânico Necker cunhou o termo periginândrio (*perigynanda* – aquilo que circunda os órgãos femininos e masculinos da planta) para designar tanto o cálice quanto a corola. Cunhou, igualmente, o termo sépala (de *sepalum*, a partir da junção artificial do termo grego σκέπη – *tegmen*, tegumento, cobertura – e do termo latino *petalum*) para designar a "parte exterior e interior própria ao periginandro e que circunda a geração dos órgãos sexuais das plantas" (cf. Necker, N. J. de, *Elementa botanica [...] secundum sistema omologicum seu naturale*. Neowedae ad Rhenum, Tomus Tertius, 1790, s.n.). Sépala, de acordo com o uso comum hodierno, significa, segundo o *Dicionário Houaiss*, "cada uma das peças florais que constituem o cálice". Traduz-se em alemão comumente, hoje, por *Kelchblatt*. O termo tépala, cunhado em 1827 por de Candolle, traduz por sua vez o termo *Perigonblatt*, significando, pois, os folíolos ocorrentes nos casos em que não se pode distinguir o cálice da corola. É forçoso observar, nesse contexto, que o método de exposição genealógico de Goethe, que acompanha a formação da planta em seus vários estágios, distingue-se, pois, radicalmente do método simplesmente analítico, classificatório, preponderante à época, e busca, portanto, evadir, por meio da consideração morfológica, o oceano de indistinções relativo às diferenciações entre o cálice e a corola. Seria a própria natureza, por assim dizer, que se esquiva às diversas tentativas simplesmente classificatórias e separadoras. Por esse motivo, buscaremos adiante não fixar a terminologia goetheana a nenhum desses desenvolvimentos terminológicos posteriores alcançados pela botânica, isto é, não empregaremos os termos sépala ou tépala, preferindo, quando for o caso, simplesmente o termo bráctea. A referência primária para a tradução dos termos será, como apontado acima, além da terminologia latina estabelecida, especialmente a versão que dela oferece Brotero em seu dicionário.

52. *Strahlenblume, flores radiati*: segundo o *Dicionário Houaiss*, que tem "um disco de flores tubulosas e regulares ao centro, e lígulas na periferia (diz-se do capítulo de várias compostas)". As flores compostas (Compositae), nome mais antigo da família das asteráceas, são o tema da sexta das *Cartas sobre a botânica* de Rousseau.

53. *Einblättriger Kelch, calix monophyllus*: segundo o *Dicionário Houaiss*, "com uma só folha; unifoliado, unifólio". Mais próximo da terminologia atual seria o termo *cálice monossépalo* (cf. Molder, p. 41).

54. Vielblättrig, polyphyllum.

55. Órgão novo que a terminologia tradicional denominava bráctea, hoje chamado de sépala.

56. Kronenblätter, pétala.

57. *Staubwerkzeuge*, também *Staubgefäße*, *stamina*: Brotero (*op. cit.*, p. 146) apresenta que "o cálice e corola de que tratei nos dois capítulos precedentes são meramente tegumentos, e ornato dos órgãos essenciais às flores, isto é, dos estames e pistilo. Os modernos persuadidos por experiências repetidas de que estes delicados órgãos eram destinados aos amores das plantas considerarão uns como genitais masculinos e outros como femininos. Os estames (*stamina*) a que eles chamam genitais masculinos são verdadeiramente uma víscera destinada à preparação do pó fecundante, e da aura seminal nele contido. Na situação mais natural os estames estão postos entre a corola e o pistilo, como se observa bem claramente numa açucena. A sua origem é suposta em geral ser a mesma que a da corola. Podem ser considerados completos ou incompletos; no maior número de flores são completos, isto é, constam de duas partes diferentes, uma superior e outra inferior; a superior é chamada antera, e a inferior, filete. O filete é ordinariamente semelhante a um delgado fio, e serve de estio à antera, que é quase sempre mais grossa que ele. A antera acha-se de ordinário na ponta do filete, às vezes, contudo, sucede ser rente (*sessilis*), e o filete, nulo; nesta circunstância, o estame é incompleto, como se vê na *aristolochia*. Comumente os estames são férteis (*feritlia*); mas em algumas flores os filetes não sustêm antera alguma, ou somente têm uma antera enfezada, mal aparente, e que não medra; nessa circunstância, os estames são denominados estéreis ou castrados (*sterilia*, *s. castrata*), e são também incompletos: semelhantes estames rarissimamente são contados pelos sistemáticos sexualistas na classificação das plantas em que se observam".

58. Cana: do gênero *Canna*, da família das canáceas.

59. Brotero (*op. cit.*, p. 152) explica: "a antera (anthera) é a parte essencial de qualquer estame, e uma cápsula que encerra em si o pó fecundante. O pó fecundante (*pollen*, *s. genitura*), que se julga ser a substância espermática dos vegetais, é uma matéria farinhosa, cujos grãos miudíssimos são cobertos de uma membrana finíssima vesicular na qual é contida a aura seminal ou hálito elástico (*aura seminalis*, *fovilla*, *s. halitus elasticus*), que no momento da rotura da dita membrana se diz entrar pelo estigma e fecunda os ovos vegetais ou tenrinhas sementes".

60. Papoula: do gênero *Papaver*, da família das papaveráceas.

61. Steubbeutel, anthera.

62. Brotero (*op. cit.*, p. 144) aponta: "o nectário (*nectarium*), segundo Lineu, que introduziu este termo em botânica, é um apêndice da corola ou um órgão acessivo à flor, destinado à secreção do mel ou a contê-lo; mas esse termo nem sempre é usado no rigor da sua definição, antes tem sido aplicado a alguns apendículos das flores, os quais não servem nem à secreção de suco algum nem a contê-lo, e parece ter uma acepção assaz vaga e ilimitada: porquanto vem-se muitas vezes nas flores várias singularidades acessivas, glândulas, poros, glóbulos, tubérculos, dentículos, raios, pilares, escamas, ou pequenas válvulas, fóssulas, produções em forma de esporão, de grinaldas, de capelo, de coroa, de copo, funil, campainha, de estrelas, de lábios, cruzes, etc. que têm recebido o nome de nectários, por se querer cortar de um golpe todas as dificuldades que podiam haver na definição de todas essas partes assaz dessemelhantes entre si não só quanto à sua forma, mas ainda quanto ao seu número, posição e ponto de apego". Willdenow (*op. cit.*, § 92) apresenta um semelhante estado de coisas: "uma outra parte importante da flor é o nectário (*Höniggefäß*). Sob tal termo Lineu compreende todas as partes da flor que são formadas diversamente das outras partes já tratadas, e diversamente dos órgãos da frutificação. Nem todas dessas partes, porém, expelem mel, e por isso não merecem o nome que lhes fora dado. Posto, contudo, que o nome nectário é aceito para todos esses órgãos, então haveremos igualmente de mantê-lo. As partes conhecidas sob essa denominação podem ser divididas em

três grupos: 1) aquelas que efetivamente secretam mel (*glandulae* [*Drüsen*], *squamae nectariferae* [*Hönigschuppen*], *pori nectariferi* [*Höniglöcher*]); 2) as que servem de repositório do mel (*cucullus* [*Kappe*], *tubulus* [*Röhrlein*], fóvea [*Grube*], *plica* [*Falte*], *calcar* [*Sporn*]); e 3) aquelas que parecem proteger as partes que secretam mel, ou também os estames, e que parecem auxiliar no fomento da reprodução (*fornix* [*Klappe*], *barba* [*Bart*], *filum* [*Faden*], *cylindrus* [*Walze*], *corona* [*Kranz*], *labellum* [*Honiglippe*])". O conceito que unifica todas essas formas equivocadamente chamadas de nectário seria, pois, o de serem todas formas da lenta passagem das pétalas aos estames. Isso, sem ter sido captado por Lineu, haveria de ser, segundo Goethe, o único fundamento possível para transformar a pressuposição da nomenclatura comum num efetivo conceito. Nesse ponto há de se observar a maneira do procedimento crítico de Goethe em relação ao método estritamente analítico de Lineu, que o impediu de buscar reconstruir os passos da formação desses órgãos e, assim, de encontrar a razão em virtude da qual tais partes devem efetivamente ser reunidas sob um único nome.

63. *Grübchen, fossula,* também *Grube, fovea*: Brotero (*op. cit.*, p. 255) esclarece que "fóssulas (*fossulae, s. foveae*) são pequenas cavidades excretórias, como por exemplo as que se acham na base das pétalas da coroa imperial, e outras espécies de fritilária". Verifica-se, conflito na terminologia, porque Brotero apresenta as fóveas como glândulas excretórias, ao passo que Willdenow já as classifica como apenas repositório do mel.

64. *Honigartigen Safte*: suco melífero, néctar. No dicionário de Brotero, no verbete *nectarium*, encontramos que "Lineu julgou acertado de lhe dar o nome de nectário pela razão de servir em algumas flores à secreção do mel, que as abelhas nelas vão colher para depois ir depor nos alvéolos das suas moradas (*et ducti distendunt nectare cellas*)".

65. *Befruchtungs-Feuchtigkeit, aura seminalis, fovila*: a tradução literal seria fluido fecundante, eflúvio. Mas acredito, de acordo com a terminologia estabelecida por Brotero, que talvez o termo *fovila* possa muito bem traduzir o termo em questão. Pois *fovilla* se diz em português "aura seminal, vapor espermático". Acontece que fovila já é termo que se encontra dicionarizado no *Dicionário Houaiss*, significando exatamente "conteúdo plasmático do grão de pólen".

66. Parnássia: do gênero *Parnassia*, da família das parnassiáceas.

67. Vallisneria: do gênero *Vallisneria*, da família das hidrocaritáceas.

68. Fevílea: do gênero *Fevillea*, da família das cucurbitáceas.

69. Pentapetes: do gênero *Pentapetes*, da família das malváceas.

70. Filetes estéreis em forma de pétala (em latim no original).

71. Kiggelaria: do gênero *Kiggelaria*, da família das flacourtiáceas.

72. Passiflora: do gênero *Passiflora*, da família das passifloráceas.

73. *Nebenkrone, corona corollae*: o dicionário de Brotero informa-nos que a "coroa acessiva da corola é considerada um nectário e se dá ou dentro das pétalas, como no martírio, ou no orifício do seu tubo, como no *Agrostema*, e *Borago*; a coroa nessa circunstância é formada por escamas, dentículos, raios filiformes, etc.". O *Dicionário Houaiss* apresenta, no verbete coroa, o significado de "conjunto de apêndices, geralmente soldados, dispostos em círculo entre a corola e os estames

de certas flores, como, por exemplo, na flor do narciso e do maracujá, e que muitas vezes se assemelha a um verticilo adicional do perianto; corona, paracorola".

74. Narciso: do gênero *Narcisus*, da família das amarilidáceas.

75. Nério: do gênero *Nerium*, da família das apocináceas.

76. Agrostema: do gênero *Agrostemma*, da família das cariofiláceas.

77. Aquilégia: do gênero *Aquileguia*, da família das ranunculáceas.

78. Acônito: do gênero *Aconitum*, da família das ranunculáceas.

79. Nigela: do gênero *Nigella*, da família das ranunculáceas.

80. Gewölbt, convexum.

81. Melianto: do gênero *Melianthus*, da famlía das meliantáceas.

82. *Karina der Schmetterlings-Blumen, carina corollae papilionaceae*: segundo o dicionário de Brotero, "navetta da corolla borboleta; *carina folii*, quilha da folha, penca da folha, é a nervura dorsal um tanto elevada na face inferior da folha". Carena, segundo o *Dicionário Houaiss*, significa "conjunto formado pela concrescência ou conivência das duas pétalas inferiores e internas das flores papilionadas, de forma semelhante à quilha de um navio; quilha".

83. Segundo o *Dicionário Houaiss*, "pétala superior, ou posterior, com forma característica, externa e geralmente maior em relação às outras quatro pétalas da flor papilionada; estandarte".

84. Polígala: do gênero *Polygala*, da família das poligaláceas.

85. *Spiralgefäße; vasa spiralia, adducentia, pneumatochymifera; fistulae spirales; helicules, tracheae*: Brotero, em seu dicionário, esclarece como "vasos aéreos que servem à respiração dos vegetais e ainda a outras funções, segundo alguns fisiologistas. São uns fios tubulosos, formados de uma lâmina elástica virada em espiral; (...). Estes tubos têm o diâmetro maior do que os outros vasos da casca e lenho, e segundo Malpighi são maiores nas raízes do que no tronco, e parecem estar envoltos em fibras particulares. Os diferentes gases ou substâncias aeriformes que os vegetais alternativamente inspiram e expiram, purificando a atmosfera ou viciando-a, constituem um dos mais belos descobrimentos modernos da botânica física". Willdenow (*op. cit.*, § 242), sobre o mesmo objeto, comenta: "se as traqueias conduzem líquido ou ar, sobre isso as opiniões são divididas, e se parece imediatamente que por meio deles os sucos são levados até as partes superiores, a coisa, porém, ainda falta muito para estar decidida. Malpighi os toma por vasos aéreos, talvez porque percebe uma semelhança entre esses vasos e as traqueias dos insetos. Moldenhauer os toma por vasos sucosos. Mustel não os quis chamar de vasos, mas os tomou apenas por uma fibra retorcida por meio da qual o crescimento é fomentado. Hedwig acreditava que eles conduzissem suco e que o canal oco por eles circunscrito seria recoberto por uma pele e receberia ar." Adiante, no parágrafo § 293 da mesma obra, encontramos, depois de longuíssima discussão que denota a centralidade dessa questão para a botânica daquela época, a seguinte explicação, que nos leva diretamente ao cerne do argumento goetheano e seu intento de refutar a teoria da prolepse de Lineu: "a flor é formada pela separação de um tecido celular (*Gefäßbündel*); Lineu tinha disso uma representação completamente errada. Ele via a medula das plantas – que tinha por tão importante

quanto a medula dorsal dos animais – como o único elemento com potência formadora no reino vegetal. Toda a vegetação ocorria, de acordo com sua opinião, por meio da medula. Até mesmo a semente seria um pedaço pequeno de medula, que se separa da mãe precisamente para dar vazão aos fenômenos que mantinham a planta anterior. Ele ia além, ainda, na medida em que atribuía a cada parte da planta uma força determinada a formar uma parte da flor [eis a teoria da antecipação, isto é, prolepse]. E assim o cálice haveria de ser formado pelo córtex, a corola pelo livrilho [*Bast, liber*], os estames pelo lenho e o caule pela medula. (...) Tampouco podemos assumir que a medula seja o único órgão formador dos vegetais. (...) Que, porém, o córtex, o livrilho, o lenho e a medula produzam cada um por si uma parte da flor, isto é tão contrário a todas as experiências que nem mesmo é preciso refutá-lo. Encontra-se nas flores que se formam a si mesmas nada mais que alongamentos dos vasos espirais, mas nunca encontramos que, a partir de cada uma das partes mencionadas, um alongamento se estica em direção ao futuro cálice, à futura corola, etc". O próprio Lineu, ao § 21 do célebre *Systema Plantarum*, descreve o mecanismo (*machina*) dos vegetais: "a substância dos vegetais consiste de duas contrárias, a corpórea (exterior, includente, nutritiva, descendente, aderente à terra, empenhe encarceradora da medula, dura, crescente ao ápice tenríssimo) e a medula (interna, inclusa, vivificante, que se derrete na base, ascendente ao ápice, infinita em multiplicação, divisibilidade e limitabilidade, desperta na criação, apressa-se desde o início oculta e lentamente no sentido da mínima resistência ao seu sumo êxito; quanto mais debilmente constrange o corpóreo, tanto mais rapidamente anuncia a metamorfose vindoura das barreiras (claustra), depois do que [a medula] conjuga-se (*sese copulat*) com o corpo para que perpetue o círculo, disseminando-se em novas vidas". A questão dos vasos espirais mostrou-se, assim, central para as discussões botânicas do tempo, pois foi com base nela que se refutou materialmente a teoria aparentemente metafísica de Lineu acerca da atuação da medula (eis o feito goetheano), mas também foi a partir dessa renovação científica que se fundou a teoria celular, posteriormente, no desenvolver da primeira metade do século XIX. A Sociedade Real de Ciências de Göttingen, por exemplo, logo nos primeiros anos do século XIX, propôs um prêmio relativo às seguintes questões: "(a) Quantos tipos de vasos se pode assumir desde os primeiros períodos do desenvolvimento das plantas? (b) Os vasos espirais são eles mesmos ocos e formam, de fato, vasos, ou servem, por meio de suas voltas, à formação de células próprias? (c) Como se movimentam nessas células os fluidos gotejantes e/ou as espécies de ar? (d) Surgem por meio do concrescimento desses vasos espirais as fístulas escalares [*Treppengänge*] (Sprengel) ou, inversamente, estas surgem daqueles (Mirbel)? Surgem das fístulas escalares o alburno e as camadas lenhosas ou surgem estas a partir de vasos originariamente próprios ou a partir do tecido tubular?" (cf. o escrito então premiado: Karl Asmund Rudolphi, *Anatomie der Pflanzen*, Berlim, 1807, p. 6). Pouco tempo depois, em 1812, a Sociedade Teyleriana de Amsterdam, por ocasião de uma questão que também versava sobre os vasos espirais, premiou o já citado professor de medicina da Universidade de Jena, cientista muito próximo a Goethe, Kieser, pelo escrito: *Memoire sur l'organisation des plantes*, talvez o mais abrangente estudo histórico, anatômico e fisiológico sobre a questão na época. Kieser teve importância fundamental, pois forneceu o modelo mais completo da nova ciência da natureza alemã, à qual mais tarde, com Schelling e os românticos, veio a ser chamada de filosofia da natureza. De Candolle, em sua célebre *Organografia vegetal*, de 1827, texto de importância seminal a todo o desenvolvimento da botânica e da biologia morfológica no século XIX, reconstrói mais uma vez toda a história da questão e reporta que a botânica do tempo se encontrava dividida entre dois partidos definidos: o de Treviranus, que explica o surgimento dos vasos espirais e dos outros tipos de vasos com base em uma incipiente teoria celular – com o que a tese de Lineu sobre a importância da medula no desenvolvimento vegetal era, por assim dizer, repaginada –, e o de Kieser, que, alinhado com Goethe na circunscrição da botânica aos limites do sensível, defende a metamorfose dos vasos espirais nas partes subsequentes das plantas (cf. Augustin Pyrame de Candolle, *Organographie végetale*. Deterville, 1827, p. 46-58). Por último, deve-se ter em mente que a questão dos vasos espirais contém em si o cerne da visão

goetheana (mais tarde também schellinguiana) sobre a natureza, isto é, ela apresenta a polaridade fundamental (extensão-contração) que rege todas as manifestações da natureza. Nas palavras de Kieser: "essa linha espiral é produto da ação simultânea dos processos longitudinal [caule] e latitudinal [folha] que toda a organização da planta produz por meio de uma luta contínua e da alternância entre vitória e submissão, e, no caso [dos vasos espirais], parecem entrar em acordo, sobrepondo-se simultaneamente, não produzindo mais nem a linha, tampouco o plano" (cf. Dietrich Georg von Kieser, *Aphorismen*, *op. cit.*, p. 49 ss.). Goethe retorna à questão nos últimos anos de sua vida (cf. *Spiraltendenz der Vegetation* in: *Werke*, XIII, p. 130-148).

86. *Saftgefäß-Bündel, vasa chylifera, succosa*, também *Zellengewebe, contextus cellulosus, tela cellulosa, utriculi*: no dicionário de Brotero, sob o termo *vasa*, encontramos a seguinte especificação: "os vasos sucosos são, ou seivosos, ou próprios. Os seivosos (chamados também vasos chyliferos, chylosos, fibras lenhosas, fibras seivosas) são uns fios ocos, sumamente finos, colados uns aos outros, e formando um tecido de pequenos fascículos enredados; são destinados a conter a seiva e acham-se tanto na casca como no lenho; eles têm sido considerados por alguns botânicos os músculos dos vegetais. Os vasos próprios (chamados também de vasos específicos, vasos sanguíneos dos vegetais) são tubos longitudinais retos, colados contra os vasos seivosos, mas muito maiores e em menor número do que eles; são destinados a conter os sucos próprios de cada planta, e acham-se tanto na casca como no lenho". Willdenow, no § 241 de sua referida obra, explica: "o tecido celuloso é uma pele muito delicada que está dividida em pequenos espaços figurados de forma infinitamente diversa, os quais têm entre si a mais detalhada ligação. Ele circunda os vasos e toma tanto os intervalos interiores quanto exteriores (...). Se o tecido celular é muito denso e cheio de líquidos, então se o chama, especialmente nos frutos, de carne (*Fleisch, parenchyma, pars carnosa*). A medula das plantas é um tecido celular ainda mais denso (...). Os sucos que o tecido celular conduz são vários (...)".

87. *Schlauchgefäße, utriculi, conduits utriculaires*: a tradução dos quatro termos correlatos, *Spiralgefäße, Saftgefäß-Bündel, Gefäßbündel* e *Schlauchgefäße* constitui verdadeira dificuldade para o tradutor, pois talvez não fosse injustificado, segundo as divisões introduzidas por Willdenow na terminologia latina, traduzir o primeiro dos termos por traqueia e os demais por contexto celuloso sucoso, contexto celuloso, célula. – O termo célula, no presente contexto, causa certamente espécie, pois embora o termo já fosse utilizado desde Hooke e Malpighi, pioneiros da microscopia do século XVII, a teoria celular tal como a conhecemos hoje se desenvolveu apenas posteriormente, e de fato como consequência das pesquisas microscópicas botânicas empreendidas no intuito de discernir os vários tipos de vasos que dão origem às partes sexuais das plantas. Nesse processo, portanto, é que veio à luz, segundo Rudolphi (op.cit, p. VIII), que "numa palavra, tudo é formado de tecido celular, não apenas os vasos". Essa asserção nos permite observar, portanto, que no período de Goethe o termo célula tinha um significado restrito à função dos tais vasos. A visada goetheana na questão aproveita, de um lado, as discussões oriundas das então recentes pesquisas realizadas em microscópios, especialmente as de Hedwig, de outro, cinge o nó com a espada, pois se concentra em identificar as tensões dinâmicas entre o caráter expansivo da traqueia (células espirais) e o contrativo do contexto celular, do que resulta a formação, como se verá a seguir, das partes fecundantes vegetais. A constituição interior da matéria em questão, dos vasos, etc., parece não interessar especialmente à visada morfológica goetheana, que está mais concentrada na formação do mecanismo dinâmico, tal como ele se dá à vista exteriormente no processo vegetal mediante o qual os órgãos seguintes da formação vêm surgindo a partir dos anteriores. Interessa-lhe, portanto, a princípio, a "identidade interior", mas não a da matéria interior e seus mecanismos, portanto, químicos, senão que "das diversas partes vegetais que nos apareceram até aqui em figuras tão variadas". Fundamental, pois, para essa mudança de interesse – desde a identidade interior das partes exteriores até o mecanismo químico das partes

interiores – é o surgimento da química analítica, disseminada com o trabalho fundamental de Lavoisier, publicado no ano fatídico de 1789. Pode-se observar, assim, que o experimento morfológico goetheano, que combatia o cerne do mais eminente promotor do método analítico de seu tempo, Lineu, foi fácil e rapidamente silenciado na medida em que um novo e repaginado método analítico surgia, o de Lavoisier.

88. *Samenstaub,* também *Blumenstaub, pollen*: segundo o dicionário de Brotero, "pó fecundante, a substância pulveriforme e quaisquer corpúsculos ou glóbulos contidos dentro da túnica das anteras. Dentro da túnica das anteras há duas sortes de glóbulos ou corpúsculos, uns maiores e outros menores: os maiores são certas vesículas, de diferente figura, superfície, cor e grandeza, as quais contêm dentro em si um licor (que parece ser oleoso) e os glóbulos menores; no tempo em que rebentam os glóbulos maiores, há uma grande agitação dos pequenos glóbulos em diversas direções, e é nesse momento que alguns sexualistas pretendem que eles enfiam os túbulos do estigma e estilete que se acham abertos com o estro venéreo e passam até os ovos vegetais em que estabelecem a fecundação. Veja: *aura seminalis.* O pó das anteras é a substância que as abelhas colhem para fazer a cera, e assim como ela não se mistura nem dissolve em água, mas em espírito de vinho".

89. *Staub*: interessante notar que, em alemão, estames (*Staubgefäße*), filetes (*Staubfäden*) e anteras (*Staubbeutel*) são termos que já contém em si *Staub*, pó. O termo latino *pollen* é, por sua vez, vertido em alemão por *Blumenstaub*, que Willdenow (*op. cit.*, $ 100) apresenta como: "um corpo sutil visível na figura do pó mais delicado. Altamente ampliado, tem várias formas e mostra-se côncavo e preenchido com uma fovila." A fovila, já vimos, traduz *Befruchtungs-Feuchtigkeit*, fluido espermático. Ao pólen, esse pó mais delicado, dá-se igualmente o nome de *aura seminal*, termo que, por sua vez, foi exposto por Brotero como "vapor espermático, substância preparada nas anteras, que constitui o princípio fecundante dos ovos vegetais. A aura seminal é, segundo alguns botânicos, um pó finíssimo ou glóbulos mais miudíssimos, que se acham dentro dos grãos vesiculosos das cápsulas das anteras; estes glóbulos variam na grandeza e alguns são invisíveis ainda mesmo ao microscópio por causa da sua demasiada pequenez; eles são proporcionados ao calibre dos túbulos do pistilo que são o veículo da fecundação; se os túbulos têm um diâmetro largo e visível os glóbulos são assaz visíveis, mas quando os túbulos não têm diâmetro visível, os glóbulos são também invisíveis, um destes glóbulos apenas entrou dentro do suco contido dentro dos tegumentos da semente, o orifício do túbulo condutor é contraído e não se deixa entrar outros; imediatamente o suco começa a nutrir o dito glóbulo, faz desenvolver as partes nele concentradas, e estas dentro de pouco tempo tomam a forma de plântula seminal e cotilédones. Segundo outros botânicos a aura seminal é um fluido análogo ao elétrico, e originário do dito pó finíssimo. Esse fluido espermático, no seu parecer, é proporcionado à delicadeza do corpo da plântula seminal, que se acha começada nos óvulos vegetais antes da ântese; apenas chegou a tocar a plântula, excita e aumenta nela a irritabilidade e, por conseguinte, a faculdade vital; imediatamente as moléculas sólidas são expandidas, abrem-se as malhas, os fluidos são propulsados com maior foça nos vasos, donde resulta uma evolução completa do novo corpo orgânico seminal, que desde então começa a nutrir-se e a crescer".

90. *Samenbläschen*: repare-se que Goethe, mediante a descrição do dinamismo das forças opostas operando na passagem da pétala aos órgãos genitais, de que resulta o emaranhamento espiral das traqueias (vasos aéreos) e contextos celulosos (vasos sucosos), alcança descrever o processo de construção da primeira célula propriamente dita, quando os vários vasos condutores que permeiam as pétalas se contraem, se terminam, se fecham num único ponto e produzem cápsulas isoladas, os glóbulos seminais, as células espermáticas do pólen. Se, de um lado, as seivas brutas foram, nas folhas do cálice, nas pétalas e nos vasos refinados de que são constituídas, purificadas

e destiladas a ponto de se tornarem uma umidade altamente rica, que contém de maneira isolada o princípio de movimento básico da planta, a assim chamada "aura seminal" que Lineu representava como o elemento fundamental da medula, por outro lado, as próprias partes corpóreas, o lado material que contém os fluidos – em sua figura morfológica elementar, para Goethe, a folha – se contraiu a tal ponto que já não mais tem figura alguma, a não ser a do ponto simples: o grão isolado do pólen, unidade fechada em si, que se isola momentaneamente do seu entorno portando dentro de si, na sua forma simplíssima, o princípio de movimento que, no contato com os fluidos do pistilo, engendra a formação de novas sementes e o recomeço de todo o processo vegetal. Na medida em que, porém, a química analítica de Lavoisier se estendeu sobre a botânica, fato apenas inevitável dado a mudança em curso dos paradigmas científicos, então se tornou possível analisar a constituição elementar de todas as partes da planta, em seus variados estágios de composição química, do que se concluiu, como vimos acima ao citar Rudolphi, que tudo são células, não apenas os vasos espirais e os seus contextos celulosos circundantes, tampouco apenas os grãos de pólen. Com isso, o resultado da descrição morfológica goetheana – o isolamento do princípio vegetal fundamental, cuja gênese formal compreende a série cotilédones, caule, folhas, cálice, corola, e cuja conclusão se acha apenas neste ponto, em que os vasos finíssimos das pétalas se contraem formando a forma tubular dos estames, que secretam a célula espermática – passa a ser subsumido como o elemento total do processo: o princípio, que para Goethe é resultado, é retornado ao começo, passa a ser elemento. Na teoria celular posterior, essa circunstância foi explicada como a diferença fundamental entre as células vegetais, que se formam sobre o princípio do filamento e da continuidade, e as células animais, definidas pelo princípio da articulação por isolamento. Segundo a visão goetheana, as "células" vegetais anteriores ao isolamento do grão do pólen seriam, no melhor dos casos, protocélulas, posto que nem suas membranas tampouco seus fluidos haveriam alcançado o grau de desenvolvimento no qual a célula se constitui como unidade isolada. O célebre Treviranus – a quem geralmente se dá o mérito de ter sido dos primeiros, baseando-se na revolução química de Lavoisier, a lançar um projeto de biologia científica calcado numa teoria celular compreensiva – esclarece a circunstância em questão da seguinte maneira, ao iniciar suas *Observações genéricas sobre a organização das plantas*: "chamou-se, não sem justiça, as plantas de animais invertidos". E a seguir explica: "tudo o que se dá nas plantas como vasos/células (*Gefäße*), excetuando-se apenas os tubos aéreos, são meros fios (*Fasern*). Afirmamos com isso algo que tem contra si autoridades importantes". (Gottfried Reinhold Treviranus, *Biologie oder Philosophie der lebenden Natur für Naturforscher und Ärzte.* Göttingen, 1802-1822, vol. 1, p. 246-248). Indica-se, assim, como o desenvolvimento da análise química e da subsequente teoria celular significaram, para o século XIX que começava a se desdobrar, um recomeço radicalíssimo das ciências da vida. Mas isso, que se pretende chamar exclusivamente de o "verdadeiro" nascimento da biologia enquanto ciência, instaura uma aparente cisão na história, que relega a anterior à caducidade, jogando fora, por assim dizer, a própria escada.

91. *Griffel, stylus*: Willdenow (*op. cit.*, § 94) apresenta nos seguintes termos o órgão reprodutor feminino da planta: "o pistilo (*Stempel, Pistillum*) é a segunda parte essencial da flor. Ele se acha constantemente em seu centro e consiste de três partes, a saber, dos gérmens (*Fruchtknoten, germen*), do estilete (*Griffel, Stylus*), e do estigma (*Narb, Stigma*). O pistilo e os estames são os órgãos reprodutores (*Begattungsorgane*) das plantas, tal como se mostrará na fisiologia".

92. Íris: do gênero *Iris*, da família das iridáceas.

93. *Schirmförmig, umbeliformis*: segundo o *Dicionário Houaiss*, "em forma de umbela, ou guarda-chuva".

94. Sarracênia: do gênero *Sarracenia*, das sarraceniáceas.

95. Croco: do gênero *Crocus*, da família das iridáceas.

96. Zannichéllia: do gênero *Zannichellia*, da família das zannichelliáceas.

97. *Fruchtbehälter*: a tradução deste termo impõe dificuldade ao tradutor. Molder (*op. cit.*, p. 48) verte-o, seguindo Soret (*op. cit.*, p. 57) por receptáculo. De fato, um dos capítulos de praticamente todos os tratados botânicos da época é aquele que trata do *Receptaculum*, geralmente subdividido em receptáculo da frutificação, da flor, do fruto, da semente, próprio, parcial e comum. Segundo Brotero (op, cit., p. 203), "o receptáculo (*receptaculum*) é a base a que estão apegadas as partes da frutificação. Diz-se receptáculo da frutificação (*receptaculum fructificationis*) quando o germe e os tegumentos da flor estão apegados a ele, como na açucena, no cravo, etc. Receptáculo da flor (*receptaculum floris*) quando as partes da flor estão apegadas a ele, e não o germe, ou quando elas estão sobrepostas ao germe, como na abóbora, no melão, murta, hippuris, etc. Receptáculo do fruto (*receptaculum fructûs*) quando tem apegada a si a base do germe de modo que o receptáculo da flor fica então distante ou posto no topo do germe, como no melão, abóbora, pepino e hydrocharis (...)". Acontece que Willdenow (*op. cit.*, § 125) traduz receptáculo por *Befruchtungsboden*, ou *Fruchtboden*: "a base (*Befruchtungsboden, basis*) é o lugar sobre o qual a flor inteira assenta-se fixamente e, quando esta derruiu, então, o fruto. Há dois tipos particulares de base: o receptáculo (*Fruchtboden*) e o tálamo (*Fruchtlager, thalamus*). O receptáculo [em geral] é uma matéria mais ou menos extensa em cuja superfície se assentam as flores e em seguida o fruto. Tem dois tipos: simples (*proprium*), que porta apenas uma flor; universal (*commune*), que porta várias flores". O termo *Fruchtbehältnis* (ou *Fruchthülle*), por sua vez, é utilizado por Willdenow para verter *pericarpium*, pericarpo, que se trata, propriamente, não da base do fruto, mas do fruto ele mesmo, isto é, de todo o conceptáculo das sementes cobertas. Sendo assim, consideramos que Molder e Soret não estão enganados quando traduzem o termo por receptáculo, apesar de tal termo ser, como vimos, equívoco. O caso presente, porém, impõe uma especificação, pois se trata de um exemplo de flor dupla, infértil, ou seja, que transformou suas partes reprodutoras em pétalas. O célebre botânico Gärtner define os órgãos femininos dos vegetais como dispondo de quatro partes: estigma, estilete, ovário e óvulo: "a todos esses tomados em conjunto dá-se o nome, antes da sua maturidade, de pistilo, depois da sua maturidade, de fruto" (*op. cit.*, p. 39). A respeito do ovário, diz (*ibidem*, p. 40): "ovário, dito por Malpighi útero e por Lineu, de maneira bastante imprópria, gérmen, é um conceptáculo que o estilete e o estigma têm por base e que serve de invólucro aos óvulos, fomentando-os e encerrando-os em si até a sua plena maturidade". O receptáculo do fruto é definido por Gärtner (*ibidem*, p. 103) como "aquela parte que conecta o pericarpo, ou a semente nua, com a sua planta mãe, e que serve a ambos de esteio. Tal receptáculo é singular, se diz respeito a um único fruto, e comum, se um único diz respeito a vários frutos". Vemos, portanto, que, de acordo com Gärtner, o termo receptáculo mais se refere ao esteio, ou base, do ovário cujos óvulos foram fecundados – o que, em se tratando de uma flor dupla, não pode ser o caso.

98. *Gehäusen*: Goethe, como de costume, evita ao máximo a terminologia técnica, a qual, no caso, o obrigaria a utilizar o termo pericarpo. Gärtner (*op. cit.*, p. 88), ao definir tal termo, apresenta que "pericarpo (*pericarpium*) é nome específico do fruto, por meio do qual não apenas se exprime a figura (*habitus*) determinada do ovário maduro, mas, em primeiro lugar, por meio do qual também se indica a sua diferença em relação à semente nua. Tal pericarpo é geralmente chamado de conceptáculo, formado unicamente do ovário maduro que encerra dentro de si de tal maneira as sementes, de modo que sua figura não seja dada à vista, a não ser que sejam expelidas por tal conceptáculo".

99. Brotero (*op. cit.*, p. 198) explica: "as sementes em geral são divididas em nuas e cobertas. Rigorosamente não há semente alguma nua cuja plântula seminal e cotilédones não sejam envolvidos

pelo menos em um tegumento; mas os botânicos costumam chamar de sementes nuas (*nudas*) aquelas que têm somente tegumentos próprios, como as labiadas gimnospermas, umbreladas, compostas, etc., e cobertas (*tecta*), aquelas que estão dentro de um pericarpo". Dessa diferença resulta uma importante divisão no reino vegetal, entre as angiospermas (cujas sementes são cobertas por um pericarpo) e as gimnospermas (cujas sementes são "nuas").

100. Como notamos acima, a terminologia, neste ponto, não é utilizada de maneira exata. Ovário, que antes utilizamos para traduzir *Fruchtbehälter*, traduz agora *Samenkapseln* (que Molder, *op. cit.*, p. 48, traduz simplesmente por 'fruto' e Soret, *op. cit.*, 59, por *capsules séminifères*). Logo abaixo utilizaremos o mesmo termo, ovário, para verter *Fruchtbehältnis* (que Molder traduz por "conceptáculo do fruto" e Soret por *silique*). Justificamos a nossa opção, mais uma vez, em virtude do fato de que, em se tratando de metamorfose regressiva, trata-se precisamente de um ovário que não se desenvolveu em pericarpo, que não se desenvolveu em cápsula ou síliqua (que são ambos, como logo se verá, formas de pericarpos, isto é, formas do ovário fecundado).

101. *Linde*: do gênero *Tilia*, da subfamília das tiliáceas, da família das malváceas.

102. Rusco: do gênero *Ruscus*, da família das asparagáceas.

103. *Farrenkräuter* (também *Farrnkräuter, Farne*), *filices*, *filicula*: no dicionário de Brotero encontramos: "os fetos, ordem de plantas cryptogamicas". *Cryptogamia* era o nome dado por Lineu à classe dos vegetais cuja reprodução não se dava à vista – um fator importantíssimo, uma vez que toda a classificação de Lineu se baseava na figura e no número dos órgãos sexuais das plantas. O termo feto, por sua vez, esclarece-se segundo o *Dicionário Houaiss*, onde encontramos: "design. comum a todas as pteridófitas da classe das filicópsidas". Dado, porém, que o termo feto é equívoco, preferimos o termo mais comum no Brasil para se referir a inúmeras espécies de pteridófitas: samambaia. Goethe chama aqui a atenção ao fato de a reprodução desse gênero de plantas ocorrer diretamente por meio das folhas, sem que se desenvolvam flores e frutos. Sabe-se hoje que tal reprodução acontece, de maneira assexuada, por meio de esporos que se formam no verso das folhas.

104. *Keime, corcula*. *Corculum*: termo de que Lineu se utilizava para dar nome ao "primórdio da nova planta dentro da semente" e que Brotero traduz por "plântula seminal".

105. *Samenbehältern, receptaculum seminis*: Gärtner (*op. cit.*, p. 108) define o receptáculo da semente da seguinte maneira: "o receptáculo da semente no caso das sementes nuas não deve ser julgado diverso do fruto ele mesmo (...). Mas o receptáculo das sementes cobertas assenta-se sempre dentro do pericarpo e: ou gera várias sementes fixas entre si (donde se diz receptáculo comum), ou assiste apenas uma única semente (donde é chamado de receptáculo próprio)".

106. *Hülse, legumen*: tipo de pericarpo que Brotero traduz simplesmente por vagem. Segundo o *Dicionário Houaiss*, "fruto monocarpelar, característico das leguminosas, geralmente seco e deiscente, abrindo-se, pelas duas suturas, em duas valvas planas ou que se enrolam em espiral ou em helicoide; vagem". Nessa definição já se observa a modificação da terminologia, o termo pericarpo tendo sido substituído por carpelo. De volta à terminologia ultrapassada, Brotero apresenta (*op. cit.*, p. 169) que, segundo Lineu, há oito tipos de pericarpo: "cápsula (*capsula*), síliqua (*siliqua*), vagem (*legumen*), folilho (*folliculus, conceptaculum*), drupa (*drupa*), pomo (*pomum*), baga (*bacca*) e pinha (*strobilus*)". Willdenow (*op. cit.*, § 107) apresenta 15: "*Hautfrucht/utriculus, Flügelfrucht/samara, Balgkapsel/folliculus, Kapsel/capsula, Nuß/nux, Steinfrucht/drupa, Beere/bacca, Apfel/pomo, Kurbisfrucht/pepo, Schoote/siliqua, Hülse/legumen, Gliederhülse/lomentum, Büchse/theca, Sackfrucht/sporangium, Kugelfrucht/sphaerula*".

107. *Zusammengesetzte Gehäusen, compositi fructus*: Gärtner (*op. cit.*, p. 74) sustenta que "os frutos compostos diferem essencialmente de todos até agora mencionados, posto que são formados a partir de dois ou mais ovários de flores diversas, coadunados num único fruto".

108. Fruchtkapseln.

109. Colútea: do gênero *Colutea*, da família das leguminosas, subfamília das papilionoídeas.

110. Gärtner (*op. cit.*, p. 58) apresenta que as partes continentes das sementes hão de ser chamadas integumentos próprios, divididos em testa, ou túnica seminal externa (*extima seminis tunica*), e membrana interna, ou indumento próprio do núcleo.

111. *Samenkeim*: Gärtner (*op. cit.*, p. 164) explica que o embrião, termo adotado de Adamson, é a parte mais nobre da semente fecundada, "chamada por Cesalpino de córculo e, por outros, de plântula seminal". Willdenow (*op. cit.*, § 116) utiliza apenas o termo córculo. O córculo, ou embrião, portanto, se desenvolve nas seguintes figuras: plúmula ("o primeiro broto da nova planta" – Gärtner, *op. cit.*, p. 168), escapo (segundo o *Dicionário Houaiss*, "haste ou pedicelo geralmente longo, desprovido de folhas, próprio das monocotiledôneas, que se origina de um rizoma ou bulbo e em cujo ápice surgem as flores") e radícula (segundo o *Dicionário Houaiss*, "parte do embrião das plantas com semente que dá origem à raiz primária").

112. Ácer: do gênero *Acer*, da família das aceráceas.

113. Olmo: do gênero *Ulmus*, da família das ulmáceas.

114. Freixo: do gênero *Fraxinus*, da família das oleáceas.

115. Bétula: do gênero *Betula*, da família das betuláceas.

116. *Samenanlage, ovulum*: Brotero (*op. cit.*, p. 187) explica que a substância membranosa, ou membrana interna, que serve de tegumento imediato à semente, "constituía parte dos óvulos do pistilo antes da fecundação, e que depois dela tomando mais forte consistência fica envolvendo os cotilédones e a plântula seminal". Daí que o desenvolvimento de algumas sementes ainda mantenha traços da figura de tais óvulos. Note-se que Soret (*op. cit.*, p. 67) traduz tal termo por *graines intentionées*, ao passo que Molder (*op. cit.*, p. 50) o traduz por estrutura seminal.

117. *Augen, oculis*: o *Dicionário Houaiss* dá como sinônimos os termos olho, gema e broto. Encontramos, contudo, em Gärtner (*op. cit.*, p. 4) a seguinte desambiguação, que todavia não foi levada em conta por Goethe, aparentemente: "diz-se olho (*oculus*) quando o broto funda apenas flores, ou flores e folhas simultaneamente; mais simplesmente se chama de broto (*gemma*) aqueles que se resolvem apenas em folhas". A razão de o tratamento dos olhos seguir-se imediatamente ao da formação das sementes é clara, posto consistirem ambas as maneiras de propagação dos vegetais; Gärtner aduz cinco pontos de comparação fundamentais (*op. cit.*, p. 9), que o leitor e a leitora reconhecerão nos parágrafos 86 a 90 adiante: "a natureza, ao produzir os brotos, procede na ordem inversa àquela com que construiu as sementes. (...) A medula do broto é idêntica à medula da planta-mãe, ao passo que a medula da semente não pode não ser inédita e distintíssima em relação à planta-mãe. (...) Todos os brotos carecem de um tegumento (túnica) próprio ou verdadeira casca (testa) e em substituição está vestida apenas de um mero córtex. (...) Nos brotos não se dá vestígio algum de uma radícula própria antes da sua evolução. (...) Todas as partes internas dos brotos são homogêneas, consistem apenas de parênquima (carne) e córtex, tampouco se lhes

encontra qualquer partícula que se possa comparar com a albumina, o embrião, os cotilédones ou quaisquer partículas que se espera servirem à alimentação do embrião, uma vez que todos os brotos, inatos às próprias vísceras da planta-mãe, são nutridos, desenvolvem e crescem a partir dos alimentos comuns [à planta-mãe]".

118. Wurzelpunkt, radícula.

119. A seguir será notado como tais ramos laterais portam o nome de *brácteas*, que Goethe traduz por folhas nodais.

120. Cardo: do gênero *Carduus*, da família das compostas.

121. Da família das caprifoliáceas.

122. *Balg*, gluma: segundo o *Dicionário Houaiss*, "bráctea que se encontra aos pares na base de cada espigueta das gramíneas e de certas ciperáceas". Pode-se inferir, portanto, que Goethe busca traduzir com o termo *Knotenblatt* o termo latino clássico *bráctea*.

123. Repare-se que Goethe, mais acima no parágrafo 91, dava completa razão à diferenciação elaborada por Gärtner, a saber: entre os brotos/olhos e as sementes, e agora, ao observar a formação das flores compostas, afirma uma quase identidade entre ambos os princípios da propagação vegetal. Goethe havia exposto que tal identidade não se dá imediatamente à vista, mas depende do entendimento. Eis que ao considerar o tema complexo das inflorescências e frutificações compostas, o que era inacessível à intuição se mostra, mediante longo caminho, não apenas compreensível, mas também, em certo sentido, visualizável. A força analítica e comparadora do entendimento traz à tona, assim, quase que artificialmente – e por isso a metamorfose retrocedente e as irregularidades passam a ter importância seminal – uma comprovação empírico-intuitiva que se mostrava, a princípio, inatingível. Procedimento análogo foi empreendido na circunstância da comprovação empírica da existência do osso intermaxilar nos humanos, que os anatomistas da época teimavam em não encontrar nos humanos a fim de diferenciá-los radicalmente dos demais mamíferos. Goethe, de maneira pioneira, mediante descaminhos aparentemente artificiais que denotam a força de um entendimento ativo, atento e determinadamente intencionado, foi capaz nesse caso de fundar um horizonte de perceptibilidade intuitiva, acerca do tal osso, antes inexistente, de modo que, depois de suas longas comparações, tornou-se possível de fato perceber o osso que, tendo-se embutido numa estrutura óssea adjacente depois do processo de metamorfoseamento da espécie, fez-se imperceptível. O mesmo, pois, acerca das sementes e olhos/brotos, cuja identidade serve apenas como prova indireta do caráter fundamental da forma-folha, no caso presente, da folha nodal, as bráqueas. Eis o ponto fundamental de crítica ao método simplesmente analítico (de Lineu, dos anatomistas que separavam radicalmente os humanos dos demais mamíferos): satisfazem-se com a descrição e análise dos fenômenos tal qual aparecerem, sem antes buscar, via um certo tipo de imaginação produtora, construir um horizonte intuitivo mais abrangente, que amplia e aprofunda tanto a apreensão do objeto a conhecer quanto a constituição do sujeito cognoscente (cf. infra: *O experimento como mediador entre objeto e sujeito*).

124. Essa crença terá animado boa parte das aspirações da *Naturphilosophie*, que se disseminou em seguida no horizonte alemão com base nas doutrinas de Herder, Goethe e dos vários cientistas que lecionavam na Universidade de Jena. Da tentativa de operar essas fórmulas algébricas temos as contribuições científicas de Schelling, Kieser, Henrik Steffens, Oken, em certo sentido também as de Treviranus (apesar de seu pertencimento à escola antípoda, radicada na Universidade de

Göttingen), de Humboldt e demais pioneiros da renovação científica que se experimentou nos últimos anos do século XVIII, quando também surgia o movimento romântico propriamente dito no cenário literário alemão. A *filosofia da natureza*, de Hegel, porém, partiu do pressuposto de que foi precisamente ao abusar do uso apenas algébrico de tais princípios, sem se buscar apresentar o mecanismo de sua constituição, que então a primeira geração da *Naturphilosophie* alemã se desvirtuou em especulação vazia (a célebre noite em que todos os gatos são pardos), ficando aquém dos profundos progressos realizados pelos mestres da geração anterior. A *Naturphilosophie* ter se transformado quase em mera álgebra, a manipulação especulativa de fórmulas conceituais tomando o lugar da efetiva experimentação do objeto, tornou-se então facilmente criticável pelos empiristas radicais de Inglaterra e França, pondo quase a perder os méritos do empreendimento inicial de crítica ao newtonianismo. De Candolle foi rara exceção, entre cientistas pertencentes ao cânone da história das ciências da vida, por levar em conta, mesmo que criticamente, não apenas as produções de Kieser, mas o contexto científico alemão de maneira mais geral. Suíço, talvez pudesse acessar com igual facilidade também o horizonte alemão, no mais das vezes isolado em virtude da barreira linguística, já que as línguas "científicas" da época eram, além do latim, apenas o francês e o inglês. Hegel, por sua vez, e sua crítica à *Naturphilosophie* da primeira geração, isto é, a geração de Schelling, busca reajustar o legado científico de Goethe e Herder, a fim de que ele não perdesse a sua pertinência crítica e não quedasse aquém do newtonianismo e do exagero analítico a ser então combatido.

125. *Durchgewachsenen Blumen*: Molder (*op. cit.*, p. 53) verte tal termo por "flores prolíferas". Willdenow, por sua vez (*op. cit.*, § 351), traduz *flos prolifer* por *sprossende Blume*: "a flor prolífera é uma flor contida dentro de uma flor. Normalmente, tal desfiguração se mostra no caso das duplicadas. Há dois tipos, o primeiro no caso das flores simples e o segundo no caso das compostas. No caso das simples surge do pistilo um caule que produz botões e flores. Raramente o pedúnculo é ocupado por folhas, tal como raro é o caso de crescer mais do que uma flor a partir da outra. Exemplos disso se têm nos cravos, ranúnculos, anêmonas, rosas, no geum rivale e cardamomo". Como logo se há de ver, os exemplos a seguir muito se assemelham à descrição de Willdenow, contudo, na página 34 da mesma obra encontra-se que *durchwachsen* traduz *perfoliatus*. Também o dicionário Grimm refere *Durchwachs* a *perfoliata*.

126. Trata-se do verbo *sprossen*, de difícil tradução. Molder (*op. cit.*, p. 57) alterna "germinar" e "produzir rebentos", que, de fato, são traduções corretas do termo. O substantivo *Sprosse* é apresentado, segundo o dicionário dos irmãos Grimm, como referindo-se, entre outros, aos termos latinos *germen* e *surculus*. Willdenow, além de verter *sprossende Blume* por flores prolíferas, traduz *Sprosse* simplesmente por *stolo* (*op. cit.*, § 24), que, em português, diz-se estolão – segundo o *Dicionário Houaiss*: "caule rastejante, superficial ou subterrâneo que emite raízes em espaços regulares, permitindo que a planta se multiplique de cada um dos elementos enraizados; estolho [é comum nas monocotiledôneas.]". No caso em questão, trata-se, notadamente, das plantas que produzem brotos/olhos (cf. supra, cap. 13). Produzir brotos/olhos/rebentos, contudo, não é o mesmo que brotar ou germinar. O verbo "proliferar" – outro ótimo candidato para a versão de *sprossen*, principalmente quando se lembra do termo *flores prolíferas* – mostra-se, porém, demasiado genérico para a tarefa, pois tem como seu primeiro significado, segundo o *Dicionário Houaiss*, "ter filhos, gerar prole; reproduzir-se", significado este que prejudica a intenção goetheana de opor sutilmente a propagação (*Fortpflanzung*) e o crescimento. Por isso, e para evitar a locução "produzir rebentos" – que, se não é incorreta, pode ser incômoda – optamos simplesmente por "medrar", que remete genericamente a crescimento, desenvolvimento e, num sentido figurado, segundo o *Dicionário Houaiss*, também é sinônimo de "manifestar-se de súbito, brotar." Acreditamos, assim, poder criar em português a oposição intencionada por Goethe entre *sprossende und blühende Pflanze*: planta que medra e planta que floresce.

127. Para uma exposição mais geral sobre os *Cadernos de morfologia,* vide nota 1 do texto *Desculpa-se o empreendimento* (nesta obra). Ao primeiro volume do primeiro caderno se encontra, depois dos textos introdutórios traduzidos acima, dois textos curtos intitulados: *História dos meus estudos botânicos* e *Surgimento do ensaio sobre a metamorfose das plantas* (*Sämtliche Werke*, vol. 12, p. 12-27). Esses textos constituem a base para a versão mais detalhada, que Goethe publicou em 1831, quando da tradução francesa (bilíngue) da *Metamorfose* (Soret, *op. cit.*, p. 108-162). É interessante notar que nessa edição bilíngue se encontra, em seguida, uma compilação de praticamente todas as referências feitas à *Metamorfose* de Goethe desde sua publicação até o ano de 1830, intitulada *Influência deste escrito e desdobramento ulterior das ideias nele expostas*, 1830 (Soret, *op. cit.*, p. 164-239).

128. Segundo o *Dicionário Houaiss,* "designação comum às plantas do gênero *Ranunculus*, da família das ranunculáceas, que reúne cerca de 600 espécies herbáceas, de raízes tuberosas, folhas simples ou compostas, e flores amarelas, brancas ou vermelhas, em cimeiras [a maioria é nativa de regiões temperadas, também de áreas boreais e tropicais de altitude, muitas são palustres, algumas aquáticas e, embora geralmente venenosas, são usadas como forragem, e várias delas como medicinais e/ou ornamentais".

129. *Jägerei*: o *Göethe-Wörterbuch* elucida que o termo em questão se refere a "1. um tipo de formação do serviço florestal de Weimar; 2. designação coletiva para os caçadores ducais". Há de se mencionar que o direito à caça dependia da concessão ducal; era, de fato, propriedade apenas da nobreza, que por sua vez empregava caçadores profissionais.

130. Pouco tempo depois da chegada de Goethe a Weimar, o duque Carlos Augusto lhe confere, "entre outras tarefas ministeriais, a de supervisionar a reativação da mina de Ilmenau, ao sudoeste de Weimar, no massivo da floresta turíngia (...)" (Lacoste, *op. cit.*, p. 162). Sua primeira visita à região data de 1776, em pouco tempo, o jovem escritor é nomeado "responsável sobre as questões de mineração e participa da comissão de minas" (*ibidem*, p. 163). Oito anos depois, Goethe já tem de tal maneira extensos os seus conhecimentos técnicos e teóricos sobre a mineralogia e a geologia (na época chamada de *Geognosie*) que, em 1784, já se vangloria, em carta, e depois no famoso poema *Sobre o granito*, de ter descoberto um "fio de Ariadne" para as suas *Felsenspekulationen* (especulações sobre as rochas). Se o leitor e a leitora tiverem em mente o conteúdo da nota 1 de *Prefacia-se o conteúdo* (texto nesta obra), onde se aborda a questão das metamorfoses do *osso intermaxilar*, se lembrará que tal episódio também remonta ao mesmo ano (cf. *ibidem*, p. 164, onde se trata de um esquema de 1820 que estabelece "uma analogia significativa entre a geologia, que tenta descrever o interior da Terra partindo-se de suas manifestações exteriores, e a osteologia: tratava-se de estudar a 'estrutura óssea' da Terra, compreender-lhe a evolução e a formação sobre longos períodos, mais longos do que os admitidos comumente"). Gottfried Wilhelm Leibniz, depois de uma viagem à Itália (*iter italicum*) e a seus vulcões, publica um dos textos fundadores do debate geológico acerca da constituição da Terra, o célebre opúsculo *Protogea* (*ibidem*, p. 175). Durante toda a sua viagem à Itália, Goethe, por sua vez, se demora descrevendo o relevo e as formações rochosas de toda a península itálica, desde os Alpes até o Vesúvio e o monte Etna, e de fato a visita a tais vulcões e a visão da lava e das explosões concernentes constituem verdadeiros picos dramáticos de todo o relato do viajante (por exemplo, a famosa descrição da *Walpurgisnacht* do Fausto parece muito bem ecoar uma passagem lancinante ao pé do Vesúvio). De volta ao lar, e depois da escrita da *Metamorfose* e do início dos trabalhos na *Doutrina das cores*, Goethe toma parte no debate geológico fundamental da época, entre a teoria vulcanista e a netunista, e à medida que produz quantidade notável de escritos e estudos sobre o tema, amadurece a sua visão defendendo a segunda teoria, nisso seguindo a doutrina do à época célebre Abraham Gottlob Werner. Foi, contudo, da refutação definitiva do netunismo – o que na

Alemanha aconteceu mediante os trabalhos de Humboldt e, na Inglaterra, por encargo de Lyell – que a geologia se desfez de seu passado geognósico e se constituiu como a ciência tal como hoje a temos (cf. *ibidem*, p. 177).

131. *Moose*: da família das briófitas. Segundo o *Dicionário Houaiss*, "divisão do reino vegetal que reúne plantas terrestres ou epífitas, raramente aquáticas, caracterizadas pela presença de clorofila, ausência de vasos, alternância de gerações e reprodução por esporos e células sexuais [na maioria das classificações, inclui as classes das briópsidas (os musgos), hepaticópsidas (as hepáticas) e antocerotópsidas (as antocerotas); em sistema de classificação que considera filogenias separadas para esse grupo de plantas, as classes das hepáticas e antocerotas são elevadas à categoria de divisão (hepatófitas e antocerotófitas), e a divisão das briófitas passa a reunir três classes de musgos: esfagnópsida, andreópsida e briópsida]". *Cryptogrames*.

132. *Balsamträger*, boticários: o *Goethe-Wörterbuch* apresenta que "com essa expressão designa-se os destiladores e comerciantes de remédios (*Medizninhandler*) da floresta turíngia".

133. Goethe faz uso do antigo nome dos herboristas, *Rhizotome* – palavra cuja etimologia indica aquele que secciona as raízes.

134. Referência à *revolução química* cujos parâmetros analíticos fundamentais se estabeleceram na obra fundamental de Lavoisier, o *Traité Elementaire de Chemie*, 1789.

135. No aparato crítico das *Sämtliche Werke* (vol. 24, p. 1.197) encontra-se a seguinte explicação: "em 1783, os irmãos Montgolfier fizeram subir aos céus os primeiros balões de ar quente". Goethe documenta em cartas de dezembro de 1783 algumas tentativas fracassadas do doutor Buchholz, as quais, porém, no dia 9 de junho do ano seguinte, enfim alcançam os resultados esperados.

136. *Dispensatorium*, segundo o *Dicionário Houaiss*, é "coleção, catálogo ou repositório de receitas e fórmulas de drogas e medicamentos; receituário, códice, código".

137. Todo este parágrafo, publicado nos *Cadernos* de 1817 (cf. *Sämtliche Werke*, 24, p. 408), foi eliminado na edição Soret (*op. cit.*, p. 122). Ele, contudo, reaparece na edição das obras completas logo posterior à morte de Goethe (Johann Wolfgang Goethe, *Goethes Sämmtliche Werke in dreißig Bänden*. vol. 27, Stuttgart, Cotta, 1851, p. 52). Decidimos reproduzi-la dado que contém uma informação surpreendente acerca de como Goethe projetava sua própria genealogia intelectual nas primeiras décadas do século XIX.

138. Vila (pertencente à cidade de Schwalmstadt) aproximadamente a 185 quilômetros de Jena.

139. Karlsbad, célebre lugar de descanso e terapia, frequentado pela alta nobreza da época, localizado hoje na República Checa.

140. Goethe se refere sem dúvida aos primórdios da teoria evolutiva, que se popularizara no ambiente científico francês, ao meio-dia do século XVIII, em decorrência dos trabalhos de Buffon, Diderot e Antoine Laurent de Jussieu.

141. "Apenas trinta anos mais tarde [isto é, à idade de 50 anos] é que Jean-Jacques, todavia no momento mais doloroso da sua existência, maltratado, caluniado, condenado, exilado, encontrou fortuitamente as mais doces consolações na observação dos seres poéticos e sedutores que povoavam o vale de Travers, no condado de Neuchâtel, onde havia se refugiado 'fugindo dos homens,

buscando a solitude, não mais imaginando e pensando ainda menos', tal como ele mesmo descreve o seu estado anímico na sétima *Promenade* das suas *Rêveries*." (Roger de Vilmorin, *Introdução a Lettres sur la Botanique, Fragments pour um Dictionnaire de Botanique*, in: ROUSSEAU, J.J., *Oeuvres Complètes*. Ed. B. Gagnebin e M. Raymond, vol. 4. Paris, Gallimard, p. 194).

142. Carta ao M. de la Tourrette, 26/1/1770: nessa carta, Rousseau responde à incitação do amigo, célebre botanista da época, que lhe pressionava para colocar mãos à obra no projeto – que será em breve mencionado por Goethe – de um dicionário dos termos em uso na botânica.

143. "Foi no começo desse período da sua vida parisiense, de 1771 a 1774 [depois do exílio no Lago Bienne, depois da temporada na Inglaterra, em Fleury-sous-Medon, Tyre-le-Château, Lyon, Grenoble, Borgoin em Dauphiné e Monquin], que Jean-Jacques escreveu as *Cartas sobre a botânica*, endereçadas à senhora Delessert, cuja filha Madelon se encontrava animada de um gosto genuíno pelas coisas da natureza. 'Vossa ideia de entreter um pouco a vivacidade da sua filha (...) me parece excelente'. Rousseau aprova, no começo da *1ª Carta*; e essa ideia era tão excelente que, professor improvisado, ele levou a cabo a instrução da sua única discípula com um método e uma consciência dignas dos maiores elogios." (de Vilmorin, *loc. cit.*, p. 200). Esse cuidado na instrução de uma adolescente talvez possa ser elemento a contrapor-se em algum grau à misoginia declarada do *Emílio* (1762).

144. Segundo o *Dicionário Houaiss*, "família da ordem das liliales (geralmente dividida em muitas outras famílias), que reúne, em sentido estrito, dez gêneros e 350 espécies bulbosas, nativas do hemisfério norte, especialmente da China ao sudeste da Ásia, e que, em sentido amplo, abarca 288 gêneros e 4.950 espécies de ervas, geralmente terrestres e que contêm alcaloides, com rizomas, bulbos ou colmos ricos em fécula, folhas simples, frequentemente anuais, estreitas e dispostas em espiral, flores regulares, geralmente hermafroditas, solitárias, em racemos, panículas ou umbelas, e frutos capsulares, raramente bacáceos ou nuciformes [de distribuição cosmopolita, especialmente em regiões secas subtropicais e temperadas, são cultivadas como ornamentais, para alimentação, como medicinais, etc.]".

145. A *Segunda Carta* de Rousseau trata das crucíferas. Segundo o *Dicionário Houaiss*, "família da ordem das caparidales, que reúne 3.250 espécies de ervas, poucas arbustivas, com folhas geralmente dispostas em espiral, simples a penatissectas, raramente compostas, flores frequentemente bissexuais e tetrâmeras, em racemos ou solitárias, e frutos secos, deiscentes, geralmente siliquiformes [de distribuição cosmopolita, várias espécies são cultivadas para a alimentação, como, por exemplo, a mostarda, a couve e o repolho]". Rousseau distingue tal família em duas seções: "crucíferas com síliqua" e "crucíferas com silícula, isto é, aquelas cuja síliqua no diminutivo é extremamente curta, quase tão grande quanto longa (...)". (Rousseau, *op. cit.*, p. 1.158.)

146. *Rachen- und Maskenblume*: em francês, *Labiées* e *Personnées*. Ambas as famílias são hoje pertencentes à ordem das Lamiales, mas o termo *personée* deixou de ser utilizado para designar o coletivo referente aos exemplos de Rousseau – "*la mufflaude, la linaire, l'Euphrasie, la pediculaire, la créte de coq, l'orobanche, la velvote, la digitale, la Scrophulaire*" (Rousseau, *op. cit.*, p. 1.168). Tais exemplos de flores pertencem, segundo nos foi possível averiguar, às famílias das escrofulariáceas, plantagináceas e orobancáceas. A utilização da família das escrofulariáceas para designar as *personnées* como um todo é, pois, incompleta. Condiz, porém, com certa tendência já ultrapassada na classificação das famílias da ordem das lamiáceas.

147. Segundo o *Dicionário Houaiss*, "família da ordem das apiales, que reúne 446 gêneros e 3.540 espécies, a maioria de ervas, também de arbustos e até de árvores, geralmente aromáticas, com

folhas penadas, trifoliadas ou bissectas (raramente palmadas, simples, etc.), por vezes com acúleos, flores frequentemente pequenas, hermafroditas e pentâmeras, em umbelas compostas, e frutos geralmente esquizocárpicos, dividindo-se em dois mericarpos [ocorrem em quase todo o mundo, especialmente em regiões temperadas do hemisfério norte; algumas são daninhas, outras venenosas, como as do gênero *Cicuta* e *Conium*, e várias são cultivadas para alimentação, como temperos, medicinais, etc., como o aipo, a cenoura e a erva-doce]".

148. Segundo o *Dicionário Houaiss*, "família da ordem das asterales, com 1.528 gêneros e 22.750 espécies de ervas frequentemente rizomatosas, algumas aquáticas, vários arbustos, muitos xerófilos, também árvores e trepadeiras, com folhas geralmente dispostas em espiral, simples, dissectas ou mais ou menos compostas, flores em capítulos, com uma ou mais séries de brácteas, solitários ou racemosos, e cípselas frequentemente com *pappus* persistente, raramente drupas [de distribuição cosmopolita, constituem a maior família entre as angiospermas e, embora em sua maioria sejam daninhas, tóxicas e agressivas, várias são cultivadas como medicinais, também para produção de inseticidas, e muitas como alimento ou pelas flores, como, por exemplo, a margarida, a dália, a alface, a alcachofra e o girassol]".

149. O conteúdo de cada uma das oito *Cartas* de Rousseau é o seguinte: liliáceas, crucíferas, papilionáceas (ou fabáceas [leguminosas]), lamiales ("*fleurs en gueule*"), umbelíferas, flores compostas, árvores frutíferas e acerca dos herbários.

150. Rousseau escreve na primeira das *Cartas*: "a minha intenção é descrever-vos inicialmente seis dessas famílias para vos familiarizar com a estrutura geral das partes características das plantas" (OR, *op. cit.*, p. 1.161). De Vilmorin esclarece que "desde o começo, o professor concebeu um plano de conjunto e detalhado do qual ele não se distanciará e que ele tentará desenvolver com igual competência e claridade. A escolha dessas seis famílias não é qualquer uma: elas se sucedem por ordem de dificuldade crescente desde as crucíferas, cujas flores são, pelo menos aparentemente, simples e "regulares", até as compostas, essas que, dispostas no mais alto grau da evolução dos vegetais, oferecem grandes dificuldades de observação e de interpretação". (De Vilmorin, *loc. cit.*, p. 215).

151. *Frauenzimmer*: o termo refere-se (de acordo com Duden e Grimm) ao local onde se reuniam abertamente – por exemplo, na corte para a educação e o entretenimento ou também em meios burgueses ou artesanais para a produção em conjunto, tal como numa fábrica – as mulheres; gineceu; o conjunto das mulheres; e, mais tarde, possivelmente a partir do século XVII, o termo passa a referir-se também à mulher individualmente, no mais dos casos à mulher bem educada (*vornehme*), de bons costumes (*wohlgesittete*). Cf. a caracterização das personagens Hersilie e Juliette dos *Anos de peregrinação de Wilhelm Meister.*

152. As flores duplas, aquelas cujos órgãos funcionais, estames e pistilo são transformados em peças ornamentais, estas não têm crédito a seus olhos [sc. aos olhos de Rousseau] e lhe inspiram até mesmo um horror nocivo. Descrevendo a flor do girofleiro à senhora Delessert, ao longo da *Segunda carta sobre a botânica*, Rousseau não deixa de fazê-la atenta: 'se vós as encontrardes duplas, não vos empenhai em seu exame; elas serão desfiguradas, ou, se preferirdes, de par com a nossa moda, não mais se encontrará nelas a natureza: pois a natureza se recusa a se reproduzir por monstros' (*apud* de Vilmoran, *loc. cit.*, p. 206). Essa recusa à lida com as plantas exóticas caracteriza, segundo de Vilmoran, justamente a maneira romântica como Rousseau se dedica à ciência botânica. A sentença de tal estudioso não dá margem a dúvidas: "se convém ser severo, diríamos, julgando enquanto botanista, que certas das suas [sc. de Rousseau] afirmações categóricas ferem-nos menos violentamente do que as elucubrações ingênuas e quase ridículas de seu amigo pseudonaturalista Bernardin de Saint-Pierre, e que elas nos fazem até mesmo sorrir". (*Ibidem*).

153. Sobre a questão do caráter pedagógico dos diletantes, disse Rousseau numa carta à duquesa de Portland: "os livros dos botanistas modernos não instruem ninguém a não ser os botanistas; eles são inúteis aos ignorantes. Falta-nos um livro verdadeiramente elementar, com o qual um homem que não tivesse nunca visto uma planta pudesse conseguir estudá-la por si mesmo" (*apud* de Vilmorin, *loc. cit.*, p. 214).

154. Entre as *Cartas*, a oitava é dedicada a "aprender a preparar, dissecar e conservar as plantas ou os pedaços de plantas" (OC, *op. cit.*, p. 1.191). De Vilmorin atesta (*ibidem*, p. 220) o aspecto excelente dos conselhos rousseaunianos relativos a tal atividade. Rousseau terá elaborado em vida vários herbários, cadernos onde estavam coligidos várias espécies ressecadas de plantas, dispostas em certa ordem com finalidades pedagógicas.

155. Desde o período na Suíça (1762-1765), em seguida na Inglaterra (1765-1767) e depois em várias cidades francesas (1767-1770), até aportar-se finalmente em Paris (1771-1778), Rousseau acumulou uma biblioteca considerável sobre botânica, "de sorte que a sua biblioteca continha, enfim, aproximadamente todos os tratados clássicos" (de Vilmorin, *loc. cit.*, p. 198), e alcançou, igualmente, colecionar um grande número de espécies vegetais secas, formando um significativo herbário – o qual, porém, certamente haverá sofrido em virtude da peregrinação do filósofo. À época da escrita do *Dicionário de termos em uso na botânica*, "um último e breve desespero determinou-o a vender sua biblioteca botânica ao padre Daniel Malthus e a doar-lhe o seu grande herbário, ato irrefletido dessa natureza excessiva, ato do qual ele se arrependerá, durante o verão de 1777, quando reclamará da sua sorte: "sem guia, sem livros, sem jardim, sem herbário, eis que me encontro de novo tomado dessa loucura, mas com ainda mais dor do que da primeira vez em que dela me livrei" (*7ª Rêverie, ibidem*, p. 201).

156. "Os *Fragmentos para um dicionário dos termos de uso na botânica* de Rousseau são os traços de uma tentativa de redigir um dicionário de botânica em francês, consistindo de uma 'Introdução', que contém uma breve história da botânica, e 184 definições de palavras específicas, ordenadas alfabeticamente. O *Dicionário* de Rousseau é uma obra de um criador e precursor, e não uma simples compilação de 'termos espalhados' nos tratados dos grandes autores. Estes escreviam em latim; Rousseau, nisso o primeiro, traduziu diligentemente em francês uma série de palavras técnicas usuais, algumas das quais, depois dele, caíram em desuso, mas muitas impuseram-se à língua, na França e mesmo em muitos países estrangeiros." (de Vilmorin, *loc. cit.*, p. 219). Esse impulso de tradução dos termos latinos nas línguas vernáculas é, sem dúvida, levado adiante a seu turno por Goethe e, como vimos, Brotero. Cabe notar que, radicalmente diferente dos demais dicionários que se confeccionavam à época, o dicionário de Goethe – os 123 parágrafos da *Metamorfose* – não está ordenado em ordem alfabética, mas acompanha a ordem natural do desenvolvimento das categorias vegetais. Trata-se, pois, de um dicionário em movimento. Um propósito semelhante, concernindo, porém, à história da metafísica e não mais à da botânica, terá guiado Hegel na elaboração de *A Ciência da* lógica.

157. O sistema botânico de Lineu sofreu forte oposição dos botânicos de toda parte e o amor-próprio nacionalista de um Gaspard Bauhin e de um Joseph Pitton de Tournefort uniram-nos contra a intervenção escandinava no andamento da ciência botânica francesa. Rousseau, por oposição, soube desde o princípio enxergar o valor do sistema botânico de Lineu, que propunha uma nomenclatura inteiramente nova (o binômio latino utilizado até os dias de hoje, o qual substituía os longos e idiossincráticos períodos utilizados pelos botanistas anteriores para determinar cada espécie) e, consequentemente, uma nova maneira de organizar ordens, gêneros e espécies. Rousseau "não hesita em prever, no seio de um conflito violento, aquilo que dele resultará, que a despeito das suas imperfeições, a doutrina de Lineu impor-se-á em pouco tempo e reinará sobre a ciência botânica". (de Vilmorin, *loc. cit.*, p. 215). Contudo, não se pode deixar de notar quão crítico Rousseau sempre se mostrou à secura e artificialidade do método de Lineu, posto que, segundo de Vilmorin, as *Cartas* "não contêm sistematicamente senão os nomes vernáculos" por causa de um certo "desgosto pela nomenclatura e pela classificação", que ao final teria "atrapalh[ado] um certo tanto a limpidez do seu método pedagógico". (*Ibidem*, p. 208). O

caráter aparentemente democrático da nomenclatura de Lineu parece ter sido sedutor ao filósofo. Mas a ele era inaceitável uma pura e simples substituição de terminologias, com o resultado de se tornar repentinamente caducas as bibliotecas que formaram gerações de botânicos. Tanto o projeto de introdução pura à botânica, contido nas *Cartas*, quanto o do *Dicionário*, visavam sem dúvida oferecer ao ignorante uma escada mediadora diante do conflito científico que aos doutos ocupava: uma ponte entre as bibliotecas passadas e as futuras. Há ainda que se notar que Rousseau dedicou-se, também, à pasigrafia botânica, isto é, à busca pela invenção de um sistema de caracteres que seria capaz de uma "descrição matemática dos caracteres vegetais" (*ibidem*, p. 219), projeto no qual Rousseau parece ter se adiantado ao desenvolvimento tecnológico da ciência botânica em vários séculos. Esse projeto, pois, decorre apenas naturalmente da celebrada ideia fomentada por Leibniz, o projeto da característica universal.

158. Em francês no original: em termos genéricos, aproximados.

159. O termo em alemão é *Tiro*, que se refere à classe dos recrutas do exército romano.

160. A partir deste ponto Goethe narra o efeito que uma importante viagem à Itália exercera sobre suas observações botânicas. Como já referido na nota 4 do texto *O autor compartilha a história dos seus estudos botânicos* (nesta obra), Goethe tira proveito dessa viagem para exercitar-se diariamente nas observações geológicas, geográficas e botânicas, assim como estéticas e arqueológicas. No que concerne à botânica, mediante o contato com várias espécies já conhecidas e novas, crescendo livremente sob um clima ameno e agradável, propagando-se pelo excesso e sem os "cálculos" muitas vezes impostos pelo rigor do clima, Goethe põe à prova seus conhecimentos, amplia-os e, depois da surpresa inicial nos jardins botânicos de Pádua, elabora passo a passo, e num diálogo constante com Herder, sua teoria da planta originária (*Urpflanze*, ideia da planta), cuja conclusão parece indicar-se depois de uma visita ao monte Etna, na Sicília.

161. *Lärchenbaum, Larix decídua*: segundo o *Dicionário Houaiss*, verbete lárix: "designação comum às árvores do gênero *Larix*, da família das pináceas, com nove espécies, nativas das regiões frias do hemisfério norte e semelhantes aos cedros, mas com folhas decíduas e cones que amadurecem em um ano, geralmente exploradas ou cultivadas para extração de madeira, tanino e terebintina e mais conhecidas como alerce; lárice, larício, lariço".

162. *Spathagleichen Scheide, vagina spathacea*: cf. Willdenow, *op. cit.*, p. 92, onde se encontra que *Blumenscheide* é o termo alemão para *spatha*. No dicionário de Brotero, sob o termo vagina, encontramos o seguinte: "*vagina foliorum*, bainha das folhas; é a sua base ou a do pecíolo prolongada em forma de bainha (...); *vagina spathacea*, vagina espadácea, nome que alguns botânicos dão às espadas radicais do chochico, açafrão e orquídeas, a que outros chamam estípulas radicais envaginantes".

163. A escrita do presente ensaio data de 1792 e foi pela primeira vez publicado em 1823, no primeiro caderno do segundo volume da aqui várias vezes aludida revista *Sobre a ciência da natureza em geral, particularmente sobre morfologia*. O texto remete às *Colaborações à Óptica* (*Beiträge zur Optik*), "a primeira publicação de Goethe sobre a *Doutrina das cores*" (cf. *Werke*, XIII, p. 565) e à época em que Goethe se debruçava, incitado por Schiller, sobre a leitura da *Crítica da faculdade de julgar*, de Kant.

164. *Versuch, tentamen*: tentativa, ensaio, experimento.

165. Sinnesart. E, adiante, Vorstellungsart.

Bibliografia
(Apresentação e Notas)

Edições das obras de Goethe

Werke. Munique: Verlag C. H. Beck, 1981.
Sämtliche Werke. Frankfurt: Deutscher Klassiker Verlag, 1987.
Die Schriften zur Naturwissenschaft. Weimar: Hermann Böhlaus Nachfolger, 1947-2014.
Italienische Reise. Frankfurt: insel taschenbuch, 1976.
Essai sur la Métamorphose des Plantes. Trad. F. Soret. Stuttgart: Cotta, 1831.
Goethes Sämmtliche Werke in dreißig Bänden, vol. 27. Stuttgart: Cotta, 1851.
A metamorfose das plantas, Trad. Maria Filomena Molder. Lisboa: Imprensa Nacional – Casa da Moeda, 1993.

Obras científicas e filosóficas sobre *A metamorfose das plantas*

Brotero, Felix de Avellar. Compêndio de botânica ou noções elementares desta ciência, segundo os melhores escritos modernos, expostas na língua portuguesa. Paris, 1788.
Candolle, Augustin Pyrame. *Organographie Végetale*. Deterville, 1827.
Gärtner, Joseph. *De Fructibus et Seminibus Plantarum*. Stuttgart, 1788.
Häckel, Ernst. Generelle Morphologie der Organismen, Allgemeine Grundzüge der organischen Formen-Wissenschaft, mechanisch begründet durch C. Darwin, reformierte Descendenz-Theorie. Berlim, 1866.
Hegel, Georg Wilhelm Friedrich. Enzyklopädie der philosophischen Wissenschaften im Grundrisse, 2e Teil: Philosophie der Natur. Berlim, 1830.
Kieser, Dietrich Georg. Aphorismen aus der Physiologie der Pflanzen. Göttingen, 1808.
Kieser, Dietrich Georg. *Memoire sur l'organisation des plantes*. Harlem, 1812.

Lineu, Carl von. Systema Plantarum secundum classes, ordines, genera, species, editio novíssima. Frankfurt am Main, 1779.

Link, Heinrich Friedrich. Grundlehren aus der Anatomie und Physiologie der Pflanzen: Göttingen, 1807.

Oken, Lorenz. Lehrbuch der Naturphilosophie. Jena, 1809.

Necker, Natalis Joseph. *Elementa Botanica [...] secundum sistema omologicum seu naturale.* Neowedae ad Rhenum: Tomus Tertius, 1790.

Rousseau, Jean-Jacques. *Botanik für Frauenzimmer.* Manheim, 1781.

Rudolphi, Karl Asmund. *Anatomie der Pflanzen.* Berlim, 1807.

Saint-Hilaire, Étienne Geoffroy. *Principes de philosophie zoologique.* Paris, 1830.

Schelling, Friedrich Willhelm Joseph von. Von der Weltseele, eine Hypothese zur Erklärung des allgemeinen Organismus. Hamburgo, 1798.

Treviranus, Gottfried Reinhold. Biologie oder Philosophie der lebenden Natur für Naturforscher und Ärzte, 6 vol. Göttingen, 1802-1822.

Willdenow, Carl Ludwig. *Grundriss der Kräuterkunde zu Vorlesungen*, 5 ed. melhorada e aumentada. Berlim, 1810.

Wolff, Caspar Friedrich. *Theoria Generationis.* Halle, 1759.

Bibliografia secundária

Barton, Benjamin Smith. *Elements of Botany.* Filadélfia: Desilver, 1836.

Breidbach, Olaf. *Goethes Naturverständnis.* Munique: Wilhelm Fink, 2011.

Cassirer, Ernst. Goethe und die geschichtliche Welt [1932]. Hamburgo: Meiner, 1995.

Corti, Luca. Pensare l'esperienza, una lettura dell'Antropologia di Hegel, Pendragon. Bolonha, 2016.

Ishihara, Aeka. Goethes Buch der Natur, Ein Beispiel der Rezeption naturwissenschaftlicher Erkenntnisse und Methoden in der Literatur seiner Zeit. Wurzburg: Königshausen & Neumann, 2005.

Kant, Immanuel. *Werkausgabe XII.* Frankfurt am Main: Suhrkamp, 2000.

Lacoste, Jean, *Goethe Science et philosophie.* Paris: PUF, 1997.

Molder, Maria Filomena. *O pensamento morfológico de Goethe.* Lisboa: Casa da Moeda, 1995.

Nipperdey, Thomas. Deutsche Geschichte (1800-1866) Bürgerwelt und starker Staat. Munique: C.H. Beck, 1993.

Rousseau, Jean-Jacques. *Oeuvres Complètes.* Ed. B. Gagnebin e M. Raymond, vol. 4, Paris: Gallimard.

Este livro foi impresso pela Gráfica PlenaPrint
em fonte Minion Pro sobre papel Pólen Bold 70 g/m²
para a Edipro no outono de 2024.